服裝設計表現技法

fashion design techniques

目錄

我想從 "服飾設計技巧 "這個詞的語源來探討一下本書的主題。

"fashion" 直譯過來就是流行。由於流行中消費最快的為 "服飾" ，所以近年來一般都把 "fashion" 譯成 "服飾" 。

"design" 是設計的意思，但 "design" 的拼寫可分為 "de" 和 "sign" 。 "de" 表示 "完全的" ，而 "sign" 則是 "記號" 的意思。由此可以說設計就是把腦子裏的想法變為純記號的形式的過程。

為把服飾 (fashion) 的想法簡易地表達給他人而採用的技巧 (techic) 被稱為 "設計圖" ，它是以對形狀、材料、花樣、及色彩的描繪為基礎的。

就成衣製造商來說，他們對做成一件衣服所需的一系列程式實行了 "分工制" ：MD (merchandiser) 計劃好 idea以及concept、色彩、布料 (textile) ；設計師以此為基礎繪製出 "設計圖" 來設計服裝，他們要具體地去確定像每個部位的輪廓和細節處理等這樣的設計要點；打樣師再根據這個設計圖來進行紙型設計、然後根據這個紙型來縫製並完成商品。完成的商品擺在商店裏，我們這些消費者就可以購買了。

設計師當然不用說，就連其他的一些與服飾設計製作工作有關的人員也都必須要具備理解、領會設計圖的能力，這是非常重要的。打樣師對設計圖所表現的意思理解得越深，他做成的紙型也就越有型越漂亮。如果自己在實際繪製中下了苦功花了心思，就會在無形中自然而然地培養出對別人的設計圖的領會力。要是經營服裝買賣的話，就必須具有對商品目錄單上的產品圖的理解力，如果能夠領會每個產品圖的設計要點是什麼的話，也就能夠向顧客推薦更適合他們的東西。

此外，在製服業界，有一種為取得 (製服) 設計生產權利而在數家公司中舉行的競賽。參加競賽的每個公司都要推出自己的presentation (設計說明) 。這時，它們要製作企畫編輯板 (comp) ，插圖畫家 (fashion illustrator) 還要把設計圖上升到時裝圖的高度。為了製作出不輸於其他公司的作品，每個公司都不遺餘力。這樣，由於 "設計圖" 是整個服飾設計的根本和基礎，於是也可以說服飾設計技巧就是製作設計圖的技巧。

另外，近幾年企業們都在尋求擁有不經訓練就立即能投入設計工作的人材。由此，各專門技術學校、大學的授課也開始注重實踐性，各個學校都已經實行電腦授課了。在這樣一個時代背景下，在本書中加入了從設計圖的基礎技巧到電腦操作應用等豐富的內容，為的是讓它成為一本不僅面向廣大學生同時也針對已參加工作的人們的教科書。大家如認真地不斷練習，必定回掌握設計的技巧。

在此，希望大家能多多努力。

時尚設計一覽 設計畫根據不同的目的具有多種多樣的表現手法。"設計圖"不僅是指純粹表現服飾設計的一般設計圖,還可以是以表現形象為主的素描畫"mode drawing",或是包括背景在內的時尚插畫。然而,與設計圖所屬類別相比,能夠深刻認識設計圖多樣的表現技巧才是真正的重點。

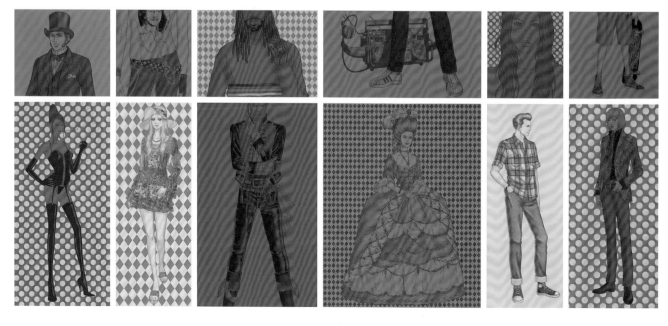

第1章
人體

　　首先，我們來學習一下作為衣服模特的"人體"。目標是：能夠畫出比例和諧統一的人體。服飾圖中的平衡非常微妙（delicate），隨時代的變化身高和胖瘦也在一直改變著。為明確地表現出這些設計要點，能夠自如地把同一比例的身體從所有不同角度畫出來這一點就成為了基本點所在。

[1]人體的比例

預先準備工具：
· 35cm以上的尺子
· B4的速寫本
· B以上的鉛筆或自動鉛筆

（1） 人體的平衡

　　首先學習用來做衣服模特的人體繪製
技巧。目標是能夠對端正的站姿進行描繪
。為了畫出具有重力感的站姿，看清究竟
是哪只腳在支撐著身體這一點是非常重要
的。從人類在地球上誕生到現在並沒有多
久，因此並不像其他動物那樣具有種群的
差別。比如，杜柏曼犬、吉娃娃和虎頭狗
的骨骼平衡完全不同。與此相反，白色人
種、黑色人種、黃色人種和混血人種他們
的皮膚和頭髮的顏色雖有不同，但骨骼的
比例卻相差不多。人，這樣一種無差別的
動物具有某種特定的法則，通過學習這個
法則我們就能夠表現它。
　　在這裏，就開始學習這個"法則"。

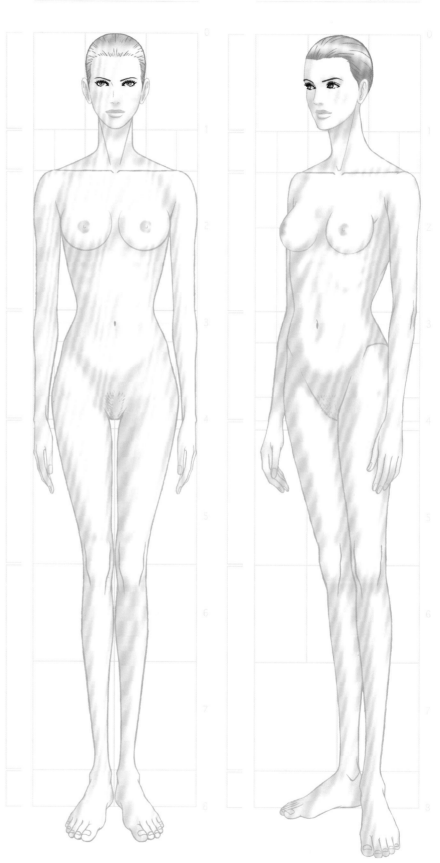

女性　直立・側面　　　　女性　直立・斜背面　　　　女性　直立・背面

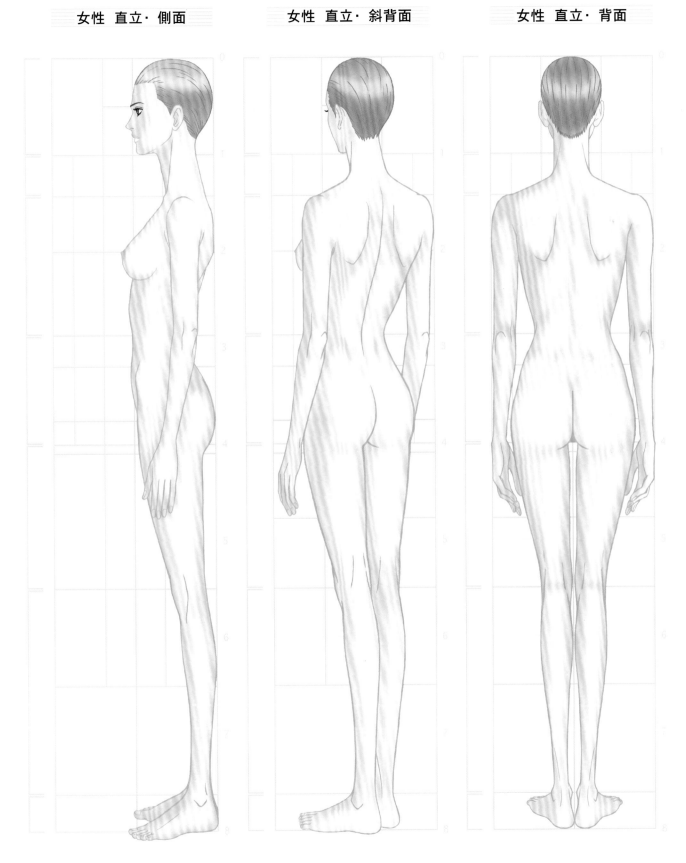

男性 直立・正面　　　　男性 直立・斜側

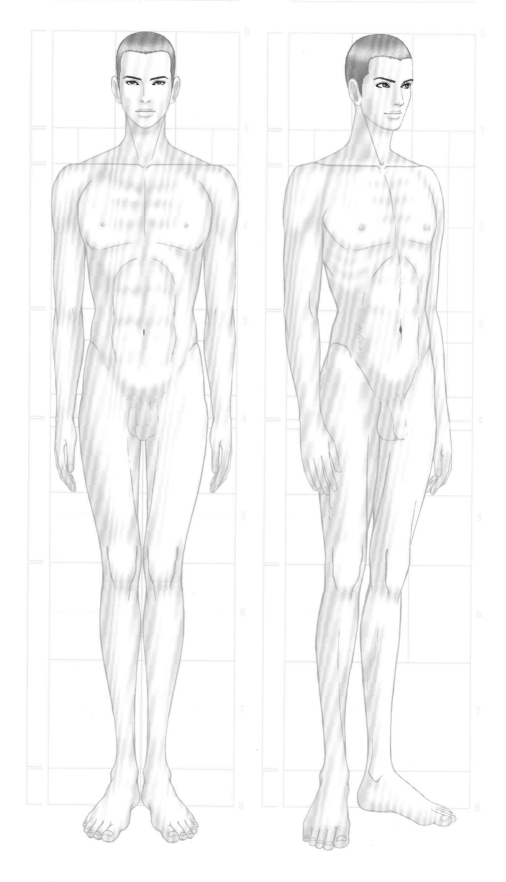

男性　直立・側面　　　　　男性　直立・斜背面　　　　　男性　直立・背面

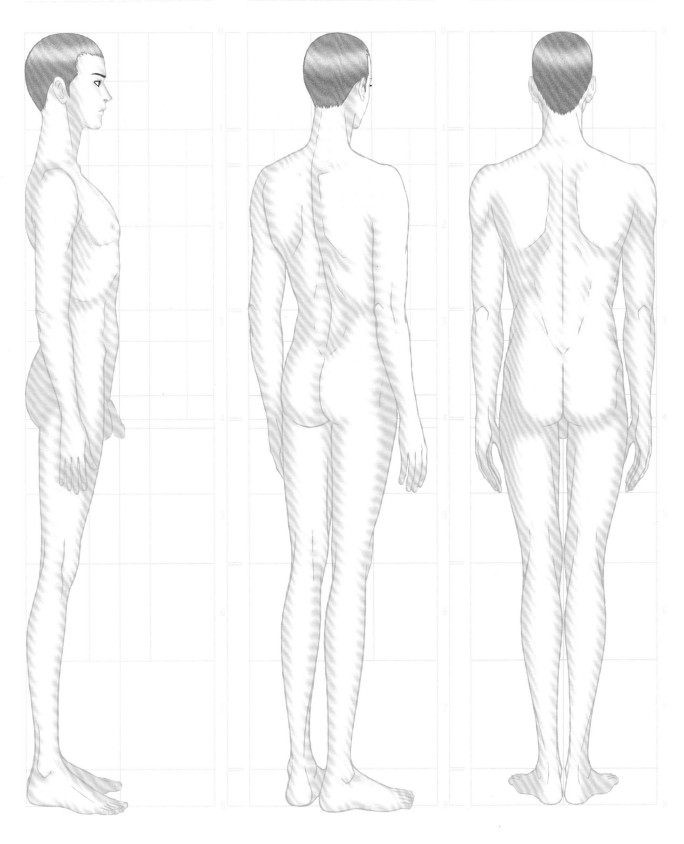

（2）人體的平衡法則

體形圖中女性的理想身高被認為是175-180cm，男性為185-190cm。長度以頭身（頭的長度）和頭寬（頭的寬度）來表現，1個頭寬為2/3頭身。由此，便體現出了“法則”。由於大多採用B4紙來畫，下面就一併舉出B4的具體數值。

①全身：8個頭身(32cm：1頭身4cm)
②正面的寬度：女性為不足兩個頭身(7cm)、男性為兩個頭身(8cm)
◎從頭頂到腳後跟分別標記了0-8號數字來表示各個部位的位置。各個部位的位置是以關節為標準的，這是因為如果清楚了關節的距離也就清楚了骨頭的長度。就請大家從上開始按順序向下看吧。
③頭頂：0
④下巴：1頭身
⑤鎖骨：1到2個頭身之間（女性：1頭身向下1.7cm，男性：1頭身向下1.5cm）
⑥乳頭：2個頭身
⑦腰部：3個頭身稍長（多出約0.5cm）
⑧下襠：4頭身（即以此開始下半身為腿）
⑩膝蓋中心：5到6個頭身之間
⑪腳踝：8頭身向上1.5cm
⑫腳後跟：8頭身
⑬肘與腰位置相同
⑭手腕與下襠位置相同
⑮單肩和腰寬：2個頭寬
腰、膝寬：比個頭寬稍寬
(左右各寬2mm)(3.1cm)

直立· 正面人體（女性）

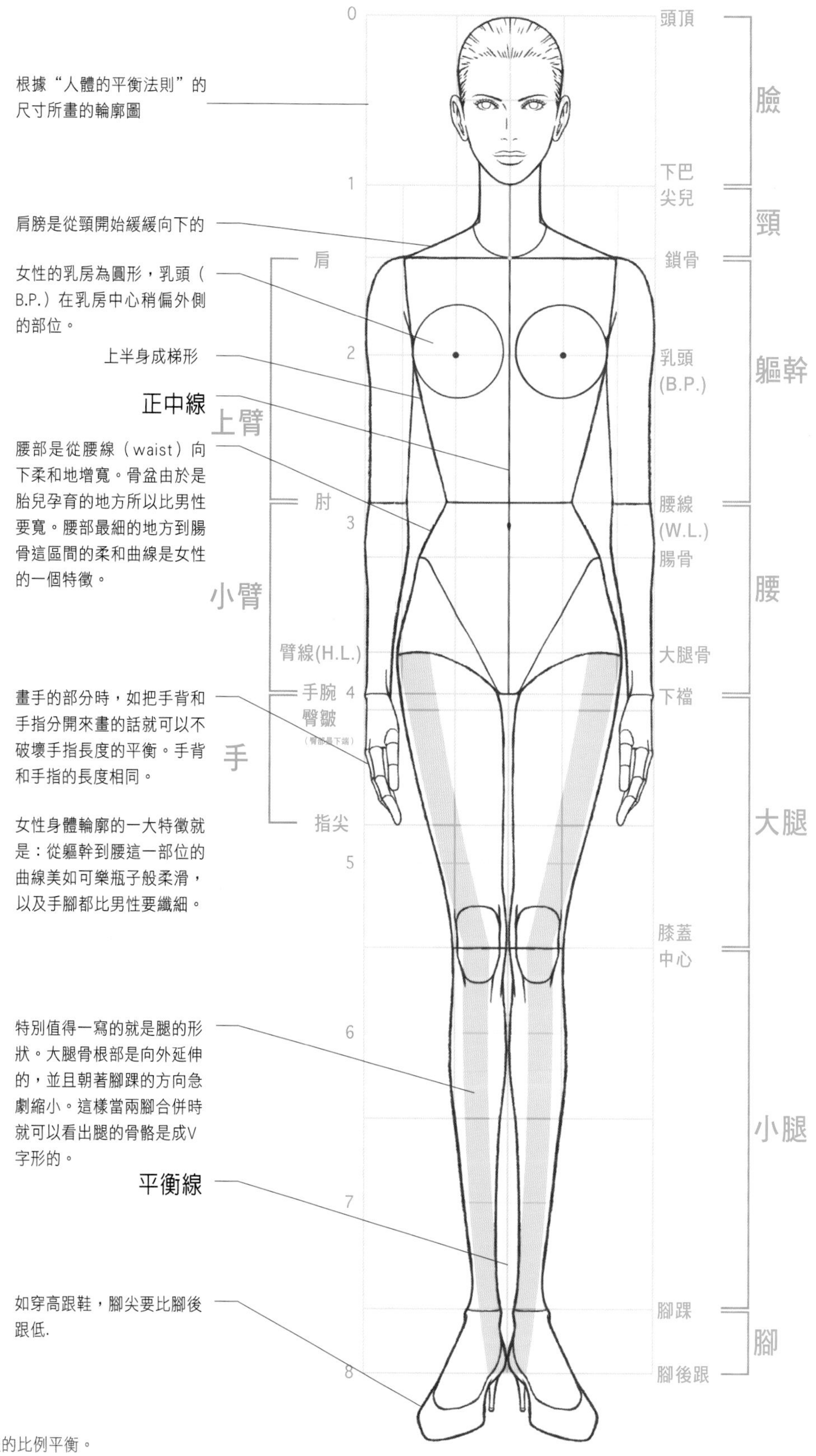
根據“人體的平衡法則”的尺寸所畫的輪廓圖
肩膀是從頸開始緩緩向下的
女性的乳房為圓形，乳頭（B.P.）在乳房中心稍偏外側的部位。
上半身成梯形
正中線
腰部是從腰線（waist）向下柔和地增寬。骨盆由於是胎兒孕育的地方所以比男性要寬。腰最細的地方到腸骨這區間的柔和曲線是女性的一個特徵。
畫手的部分時，如把手背和手指分開來畫的話就可以不破壞手指長度的平衡。手背和手指的長度相同。
女性身體輪廓的一大特徵就是：從軀幹到腰這一部位的曲線美如可樂瓶子般柔滑，以及手腳都比男性要纖細。
特別值得一寫的就是腿的形狀。大腿骨根部是向外延伸的，並且朝著腳踝的方向急劇縮小。這樣當兩腳合併時就可以看出腿的骨骼是成V字形的。
平衡線
如穿高跟鞋，腳尖要比腳後跟低.
上臂
小臂
手
肩
肘
臀線(H.L.)
手腕
臀皺
指尖
0
1
2
3
4
5
6
7
8
頭頂
下巴
尖兒
鎖骨
乳頭
(B.P.)
腰線
(W.L.)
腸骨
大腿骨
下襠
膝蓋
中心
腳踝
腳後跟
臉
頸
軀幹
腰
大腿
小腿
腳

請大家一定要將本頁擴印並不斷摹畫以記住人體的比例平衡。

直立· 正面人體（男性）

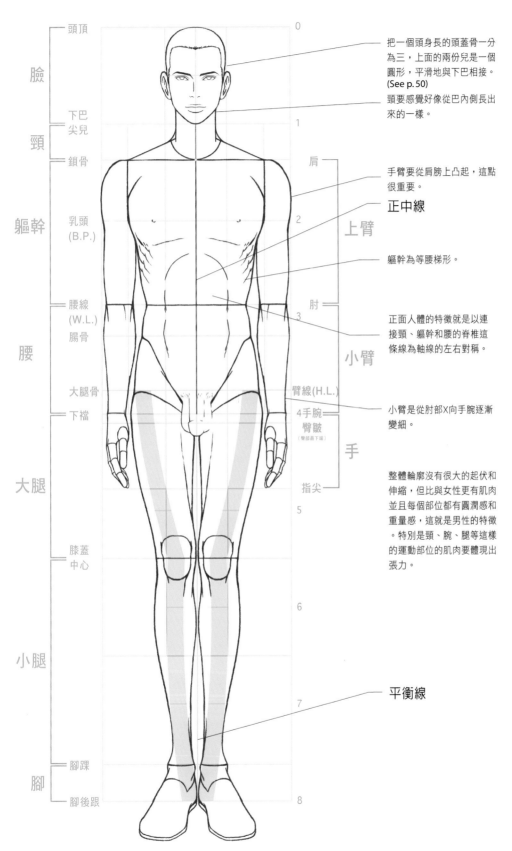

把一個頭身長的頭蓋骨一分為三，上面的兩份兒是一個圓形，平滑地與下巴相接。(See p. 50)

頸要感覺好像從巴內側長出來的一樣。

手臂要從肩膀上凸起，這點很重要。

正中線

軀幹為等腰梯形。

正面人體的特徵就是以連接頸、軀幹和腰的脊椎這條線為軸線的左右對稱。

小臂是從肘部X向手腕逐漸變細。

整體輪廓沒有很大的起伏和伸縮，但比與女性更有肌肉並且每個部位都有圓潤感和重量感，這就是男性的特徵。特別是頸、腕、腿等這樣的運動部位的肌肉要體現出張力。

平衡線

（3）人體的畫法

畫人體的時候不是第一步就要畫裸體，而是先要畫模型。這是因為如果不能精確地瞭解一個個部位的形狀特徵及可動部位就不可能畫出各種各樣的姿勢來。

【要點】

要描繪得比實物更細緻。把實物（3D=立體）表現在紙上（2D=平面）的情況下，由於對其遠近感及縱深度的表現較困難，如果不削去輪廓上的陰影從而使之縮小一圈兒，看起來就會顯胖。電視畫面上的名人看起來都比實際胖的原因也是由於平面畫面沒有縱深度。

在輪廓圖中畫上引導線來對各個部位進行描繪。在創作"姿勢"的時候，關節（可動部分）的位置將變得相當重要，所以各個部位的長度、粗細都要精准地把握好。

要注意身體部位的重量感。保護內臟的骨頭（頭蓋骨，肋骨，骨盆）要有重量感，其形狀就是外在的輪廓；可活動的骨頭（頸，腕，腿）要在它們的周圍畫上肌肉，形成一個棒狀。

臉
頸
軀幹
腰
大腿
小腿
腳

頭頂
下巴尖兒
鎖骨
乳頭(B.P.)
腰線(W.L.)
腸骨
大腿骨
下檔
膝蓋中心
腳踝
腳後跟

0
1
肩
2
上臂
肘
3
小臂
臂線(H.L.)
4 手腕
臀皺（臀部臀下端）
手
指尖
5
6
7
8

側面人體的特徵是：從正面看時為直線的正中線（身體的前中線）變成了S形。人類在雙腿行走並加上手的擺動是通過使用微妙的曲線來成功地擺脫了重力的負擔。另外，腿的形狀是與脊椎相逆的S形。側面的時候從胸到脊椎的厚度女性為不足1個頭身(3.5cm)，男性為1頭身(4cm)

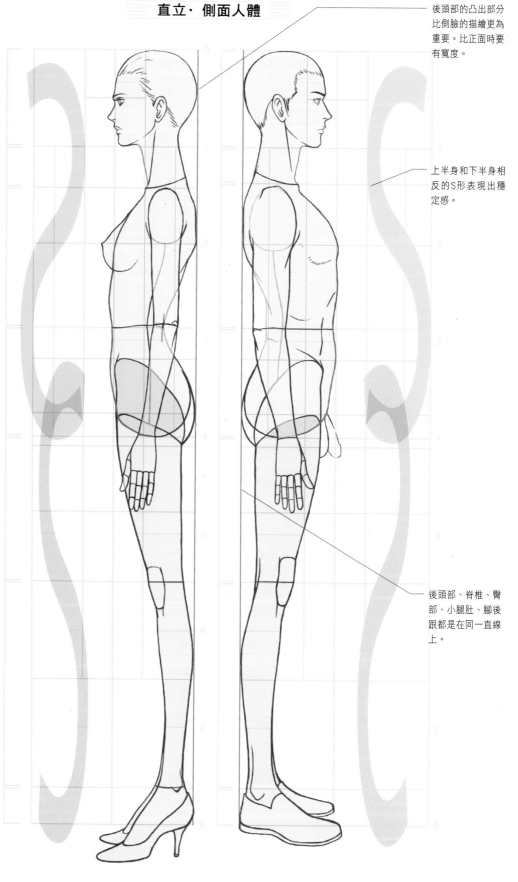

後頭部的凸出部分比側臉的描繪更為重要。比正面時要有寬度。

上半身和下半身相反的S形表現出穩定感。

後頭部、脊椎、臀部、小腿肚、腳後跟都是在同一直線上。

直立・斜正面的人體

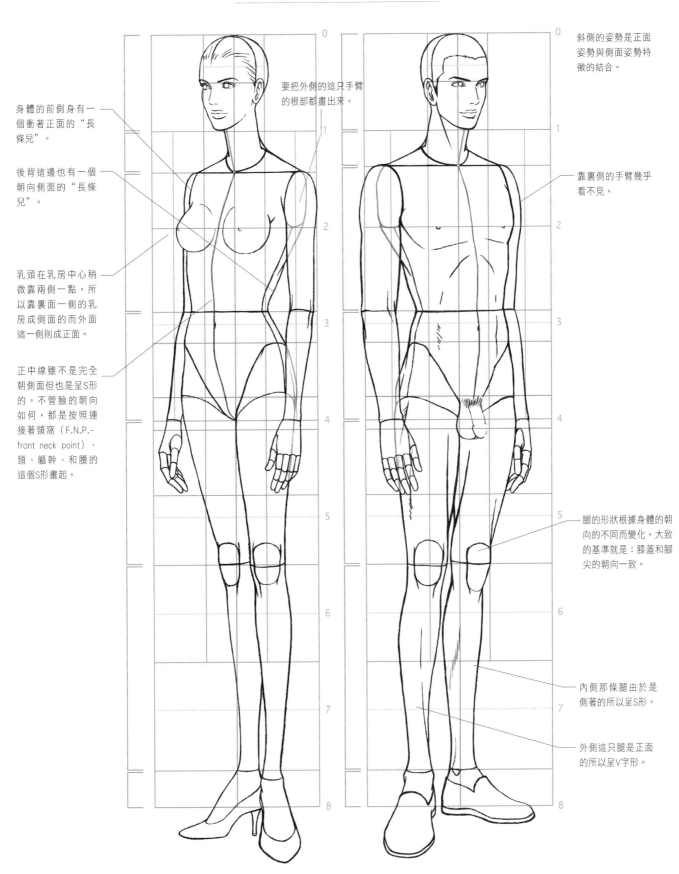

斜側的姿勢是正面姿勢與側面姿勢特徵的結合。

要把外側的這只手臂的根部都畫出來。

身體的前側身有一個衝著正面的"長條兒"。

後背這邊也有一個朝向側面的"長條兒"。

乳頭在乳房中心稍微靠兩側一點，所以靠裏面一側的乳房成側面的而外面這一側則成正面。

正中線雖不是完全朝側面但也是呈S形的。不管臉的朝向如何，都是按照連接著頸窩（F.N.P.-front neck point）、頸、軀幹、和腰的這個S形畫起。

靠裏側的手臂幾乎看不見。

腿的形狀根據身體的朝向的不同而變化，大致的基準就是：膝蓋和腳尖的朝向一致。

內側那條腿由於是側著的所以呈S形。

外側這只腿是正面的所以呈V字形。

面朝背面的人體的輪廓和正面人體相同。

對像脖頸、肩胛骨、臀部、腳後跟等這樣的在正面看不到的細節部分的細緻到位的描繪是相當重要的。

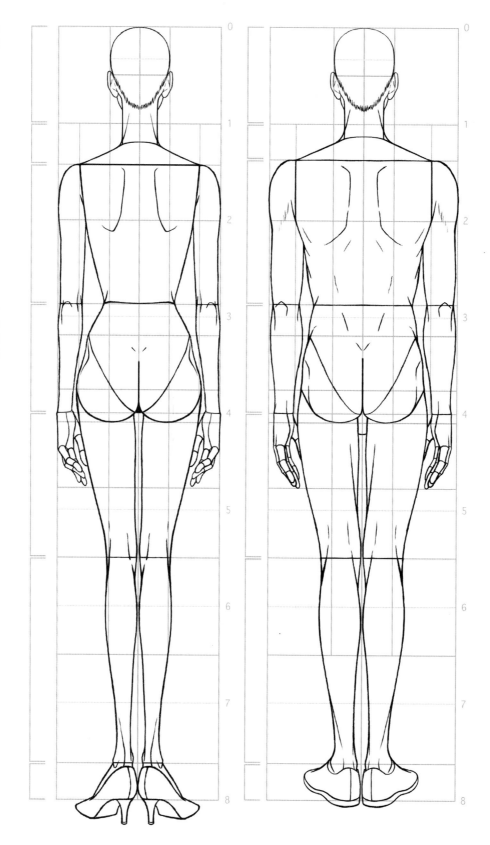

直立、斜背面的人體

斜背面人體的輪廓
與斜側面相同。

背後的正中線也
是S形。

外側的腿由於是側面
為S形，內側的腿是
衝向背後的所以是V
字形。

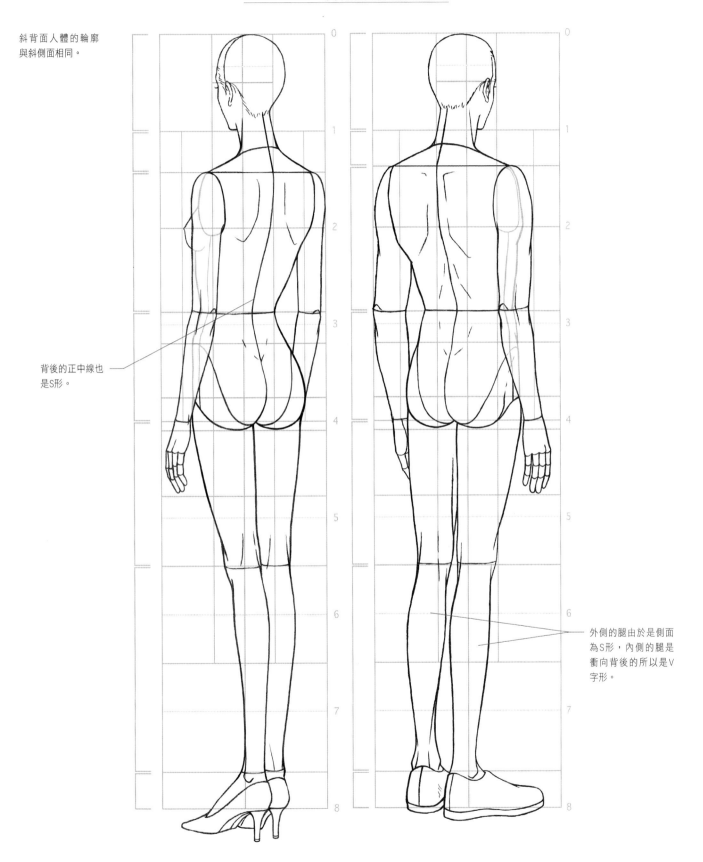

遠近感 (perspective)

斜側時要體現出遠近感。視線（eye level）與頸窩（F.N.P.）
平行時平衡感較好。

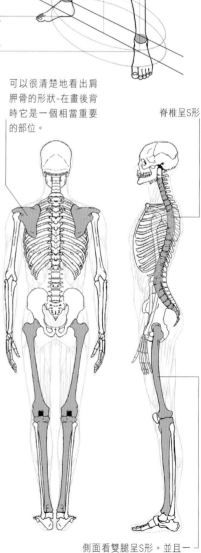

＊
視線

焦點：設計圖中不要過分地表現遠
近感。透視法的焦點設在較遠的地
方就是為了避免採用太多的透視示
意。視線偏上或偏下都會使對服裝
的輪廓和結構的表現變得困難，這
點要多加注意。

肌肉

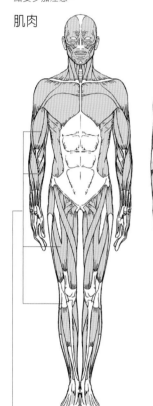

橫向邁開的雙腿要在
透視線上。靠外側一
端的腳適當地向下一
些，所以左腳要比右
腳低。

可以很清楚地看出肩
胛骨的形狀-在畫後背
時它是一個相當重要
的部位。

脊椎呈S形

可運動的部位（腕、腿）
的骨頭周圍的肌肉相互交
錯比較複雜。

骨骼

要特別注意脊椎骨的形態和腿
的骨骼。

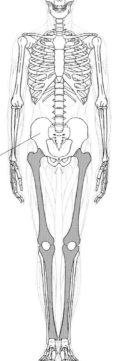

男女差別最顯著的一點就
是骨盆。男性的骨盆為心
形。恥骨下部所成角是銳
角。女性的骨盆的特徵是
橫幅較寬，恥骨下部為打
開的。

可明顯地看出朝向
正面的腿是成V字
形的。

側面看雙腿呈S形。並且一
目了然是正好與脊椎的s形
相反的。

正面 單腿重心的姿勢（女性）

正面單腿重心的姿勢(男性)

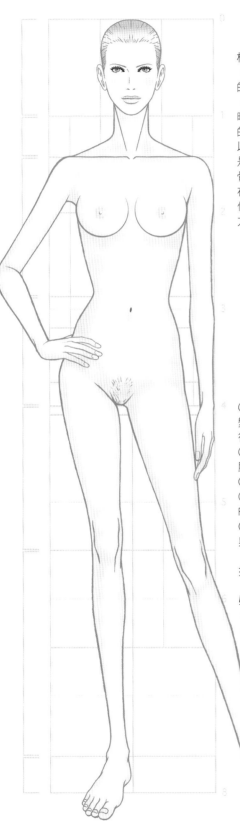

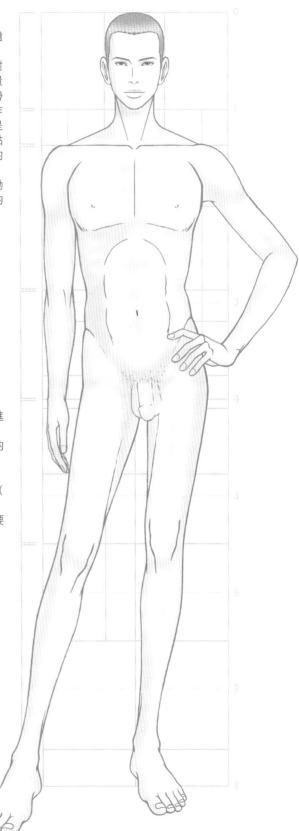

〔2〕優美姿勢的畫法

站姿有兩種，一種時左右腿分擔相同體重的姿勢，叫做"直立站姿"，這就是之前所學的內容。與之相對的另外一種是有一隻腿支持身體重量，叫做"單腿重心站姿"。描繪姿勢時，是以站姿為基礎讓四肢擺出動作的，但要完美地表現出"圖中人物是以何種姿態在支撐著身體的"-這點是畫出優美姿勢的要點所在。人類的骨骼用曲線表現出來是很有節奏的，在這一小節我們將學習以下半身的動作為中心、表現出自然優美的姿勢的方法。

〔1〕單腿重心的法則

①從直立站姿變為單腿重心站姿時，變化的只是下半身——將身體重心進行了轉移。所以軀幹與直立時相同。
②承重腿叫做支撐腿。不支撐體重的腿叫做非支撐腿
③支撐腿一側的腰部向上彎曲。
④支撐腿的腳踝要緊挨平衡線（F.N.P.向下的引線）。
⑤連結左右兩腿的膝蓋、腳踝的線要與腰線（waist line）向同角度傾斜。

按這五點依順序進行即可。

必備工具：
• 35cm以上的尺子
• B4的速寫簿
• B以上的鉛筆
• 直立站姿速寫畫（本書P35）

畫法
準備好直立站姿的畫稿。將本書P14、P15的直立‧正面人體擴印就可。要
按一個頭身=4cm這樣的比率進行計算。（1.45倍=145％）

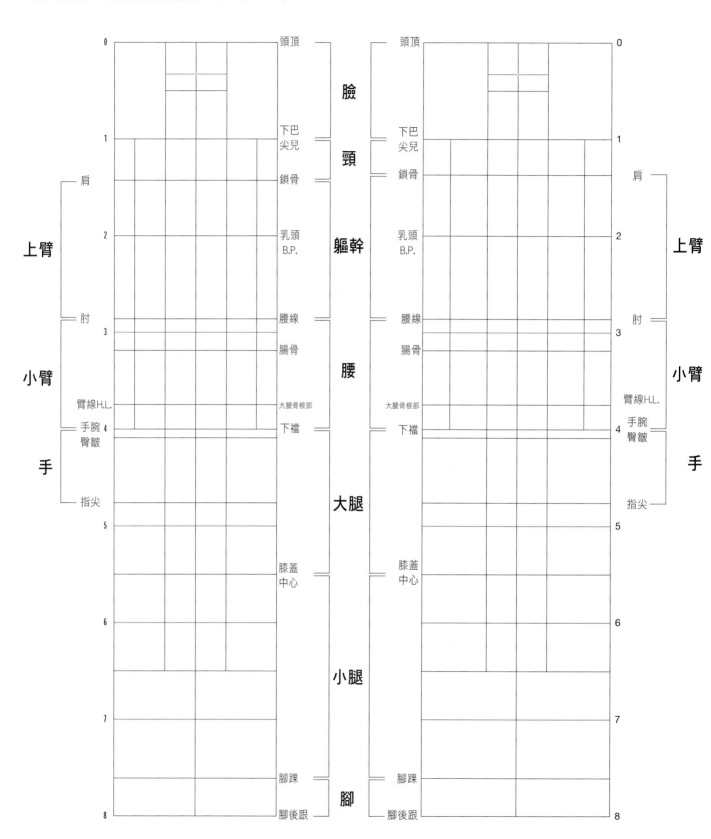

在圖紙上覆上一張薄紙(速寫紙或透寫紙)，在這裏將給大家演示一下怎樣摹畫。

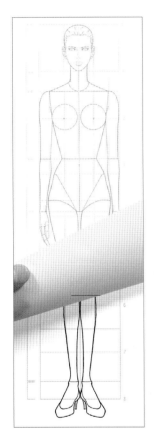

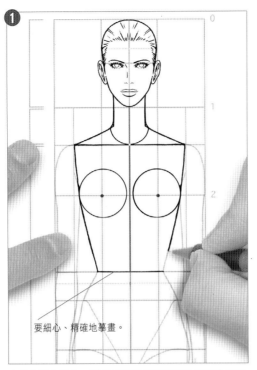

要細心、精確地摹畫。

上半身沒有變化，所以畫可以直接描畫比例的邊線圖。

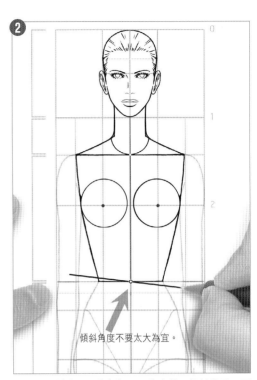

傾斜角度不要太大為宜。

支撐腿一側的腰要向上提，腰線也就呈傾斜狀了。因此要以腰線和前中線的交點為中心來描繪腰線的傾斜角度。

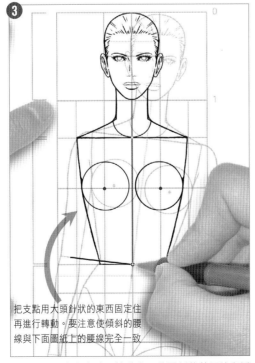

把支點用大頭針狀的東西固定住再進行轉動。要注意使傾斜的腰線與下面圖紙上的腰線完全一致

〇的位置固定為支點，轉動底下的圖紙使其腰線與透寫紙上所畫的傾斜的腰線重合。

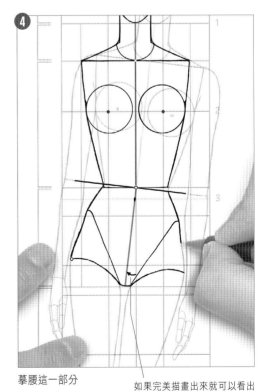

摹腰這一部分

如果完美描畫出來就可以看出大腿根部向受重的一側偏移。

⑤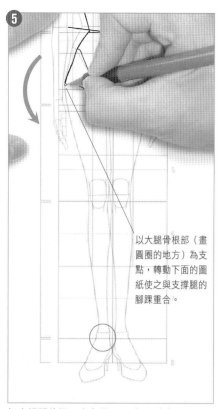

以大腿骨根部（畫圓圈的地方）為支點，轉動下面的圖紙使之與支撐腿的腳踝重合。

把支撐腿的腳踝定在從F.N.P.向下引的垂線附近。以大腿骨根部為支點，再次轉動下面那張圖紙使上下兩腳踝重合。然後描畫出來。

⑥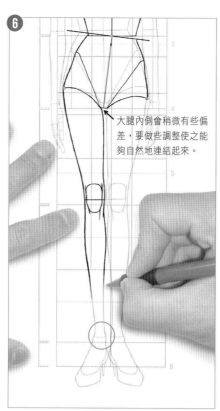

大腿內側會稍微有些偏差，要做些調整使之能夠自然地連結起來。

一邊修改細微之處的誤差一邊描畫支撐腿。單腿重心的姿勢幾乎就是一支腿站立，要把支撐體重的腿畫得鮮明有力。

⑦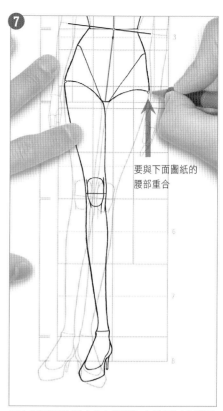

要與下面圖紙的腰部重合

不支撐體重的腿（非支撐腿）也是要以大腿根為支點移動。

⑧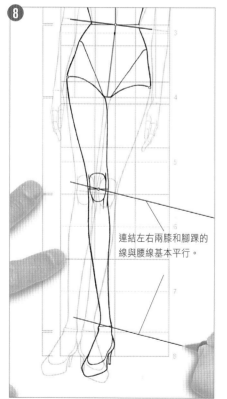

連結左右兩膝和腳踝的線與腰線基本平行。

連結左右兩膝、兩腳踝的線與腰線平行，因此要以支撐腿的膝蓋和腳踝為起點畫出斜線。

⑨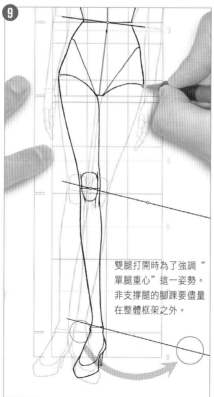

雙腿打開時為了強調"單腿重心"這一姿勢。非支撐腿的腳踝要儘量在整體框架之外。

在腳踝的斜線上設定腳踝的位置。

⑩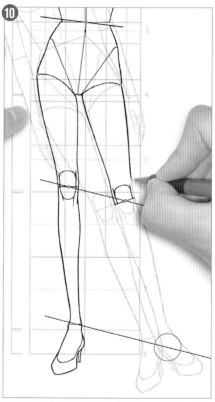

以非支撐腿的大腿骨根部為支點，轉動下面圖紙使兩個左腳重合。

⑪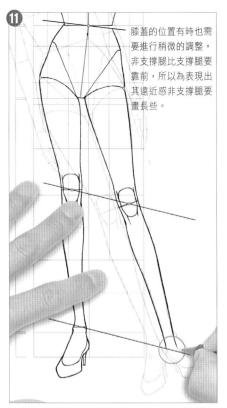
膝蓋的位置有時也需要進行稍微的調整。非支撐腿比支撐腿要靠前，所以為表現出其遠近感非支撐腿要畫長些。

為使非支撐腿的腳踝更協調，要一邊對誤差進行修改一邊描畫。

⑫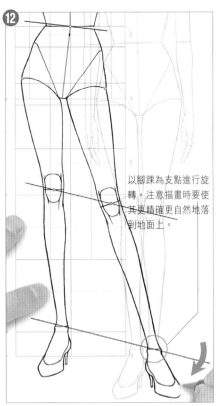
以腳踝為支點進行旋轉，注意描畫時要使其更精確更自然地落到地面上。

進行腳的描畫

⑬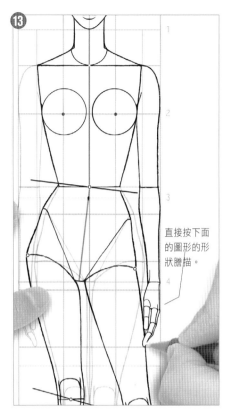
直接按下面的圖形的形狀謄描。

左手自然下垂

⑭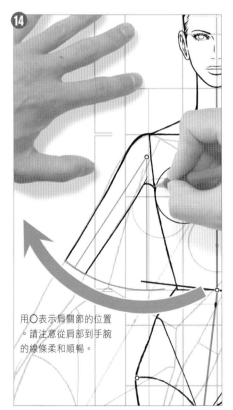
用○表示肩關節的位置。請注意從肩部到手腕的線條柔和順暢。

把左手臂試著描繪成叉腰的模樣。首先以肩關節（畫圓圈的部位）為起點移動下面圖紙的上臂並謄描。

⑮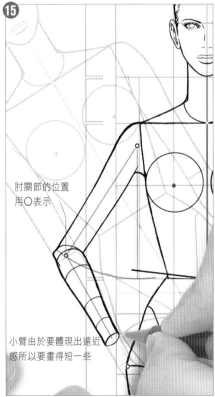
肘關節的位置用○表示

小臂由於要體現出遠近感所以要畫得短一些

以肘關節為起點移動下面的小臂並謄寫。

⑯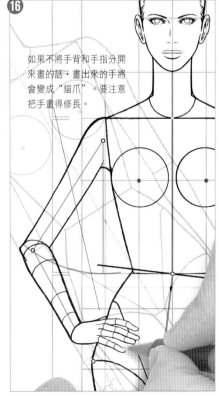
如果不將手背和手指分開來畫的話，畫出來的手將會變成"貓爪"。要注意把手畫得修長。

手的描繪。

25

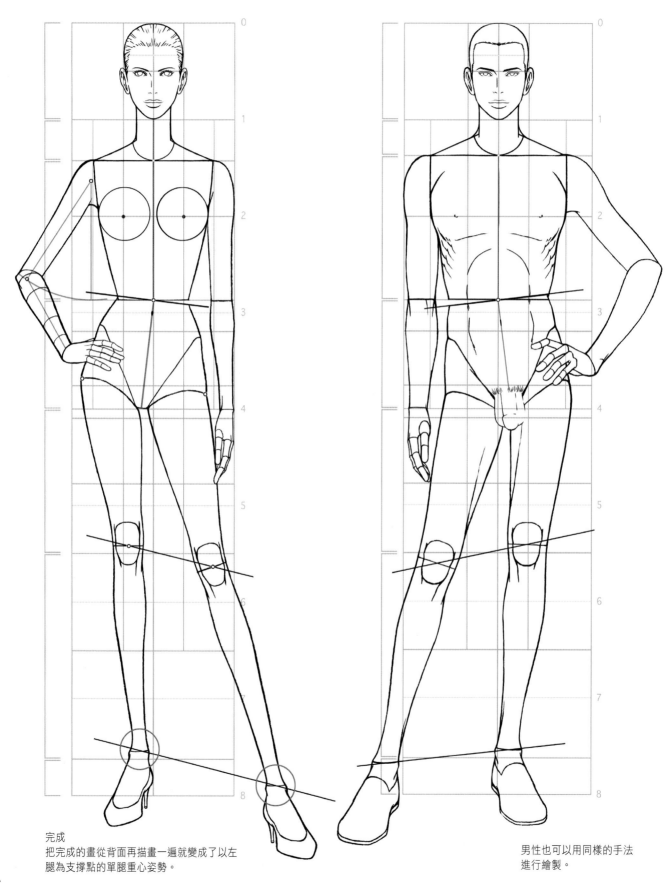

完成
把完成的畫從背面再描畫一遍就變成了以左
腿為支撐點的單腳重心姿勢。

男性也可以用同樣的手法
進行繪製。

正面．單腿重心的基本組成

臉、手及其他非支撐腿的部位由於不支撐身體，所以可以根據自己的喜好來繪製各種姿勢。把右半身複製下來可以嘗試著作出各種姿勢。

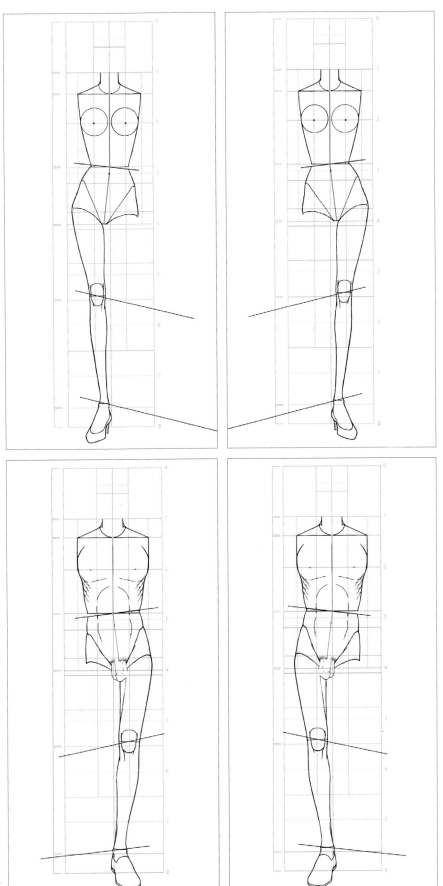

非支撐腿可以移動——只要在斜線上，就可以嘗試畫出各種姿勢。

（2）正面單腿重心站姿・變化

臉和手的活動方法詳細請見P41、42。

彎曲的小臂要
體現遠近感所
以要短一些。
這時，按①②
③的順序來畫
，小臂將上臂
和手連結起來
就可以了。

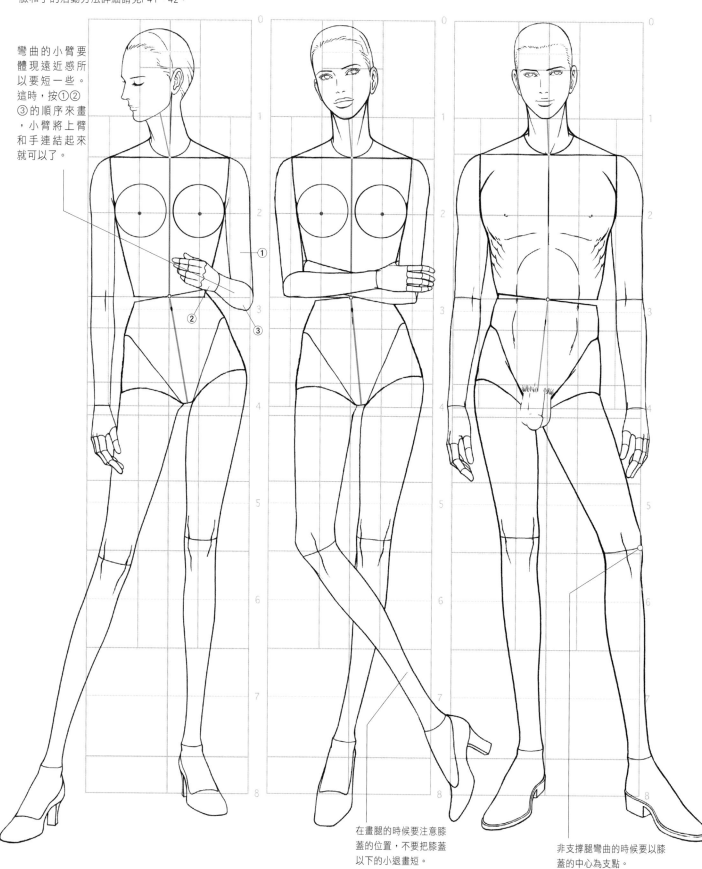

在畫腿的時候要注意膝
蓋的位置，不要把膝蓋
以下的小腿畫短。

非支撐腿彎曲的時候要以膝
蓋的中心為支點。

手的姿勢是由肘和手的位置決定的。所以如對
其進行加工，它的平衡就不易被破壞。對於非
支撐腿是試著從大腿內側下手進行描繪的。

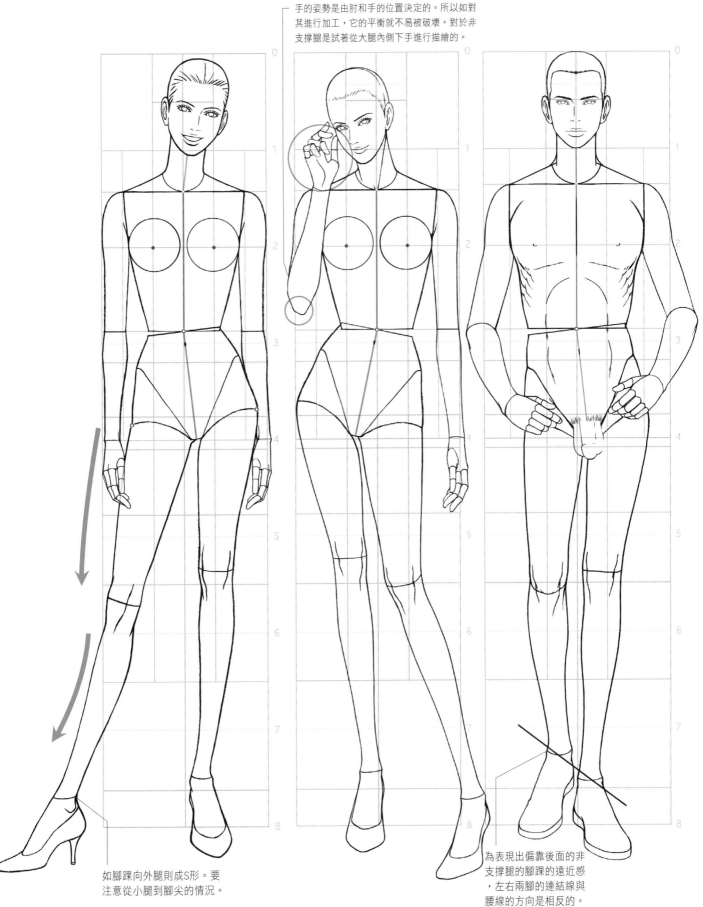

如腳踝向外腿則成S形。要
注意從小腿到腳尖的情況。

為表現出偏靠後面的非
支撐腿的腳踝的遠近感
，左右兩腳的連結線與
腰線的方向是相反的。

（3）斜側面・單腿重心的畫法

斜側時單腿重心姿勢是利用斜側直立的姿勢進行描繪的。順序與正面姿勢完全相同。只是斜側時的單腿重心有支撐腿在裏側和在外側兩種造型。

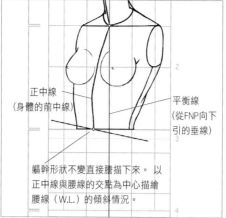

正中線
（身體的前中線）

平衡線
（從FNP向下引的垂線）

軀幹形狀不變直接謄描下來。 以正中線與腰線的交點為中心描繪腰線（W.L.）的傾斜情況。

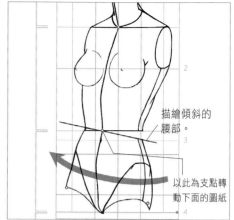

描繪傾斜的腰部。

以此為支點轉動下面的圖紙

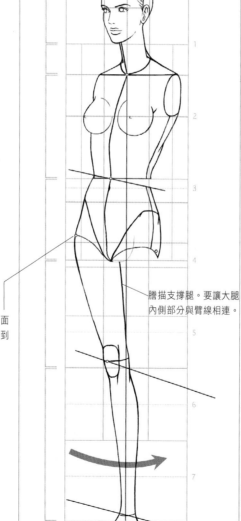

以此作為支點轉動下面的圖紙以使支撐腿移到平衡線上來。

謄描支撐腿。要讓大腿內側部分與臂線相連。

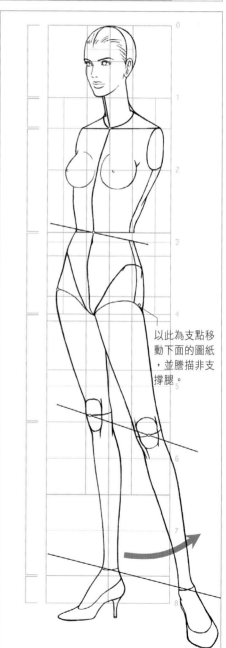

以此為支點移動下面的圖紙，並謄描非支撐腿。

30

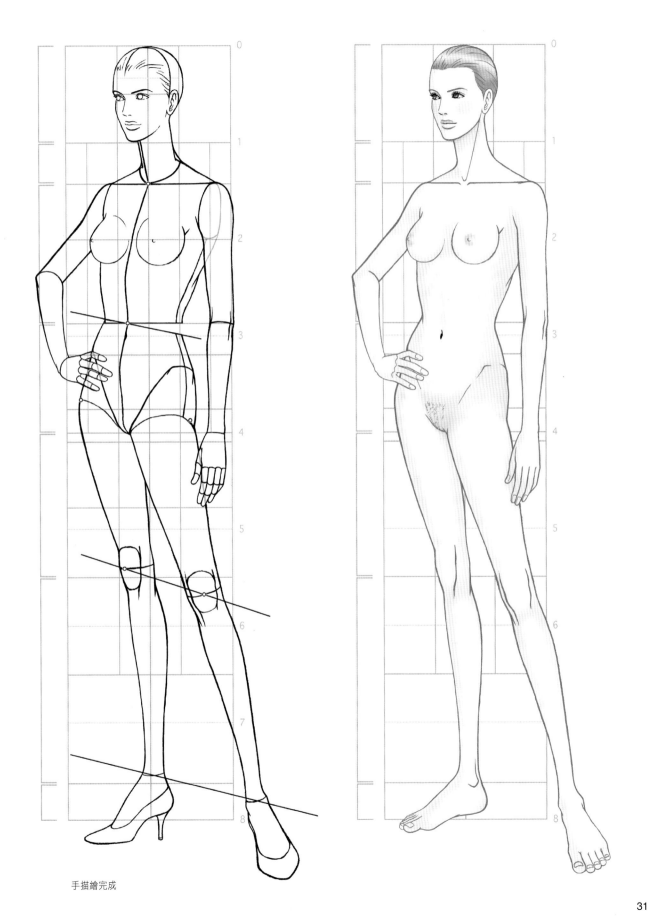

手描繪完成

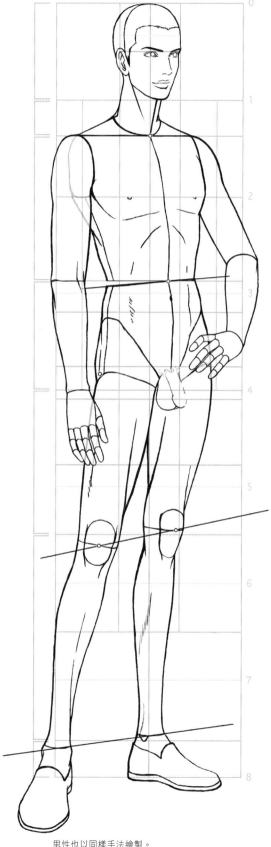

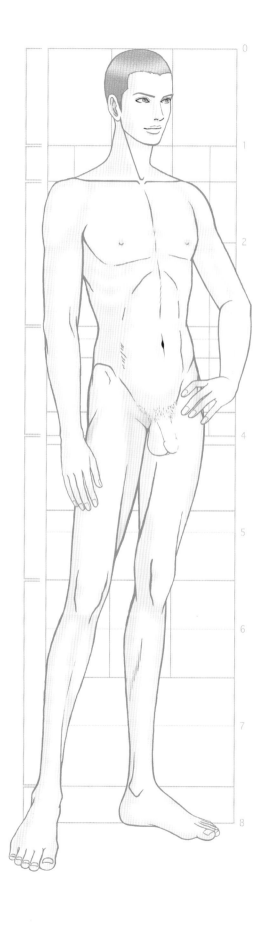

男性也以同樣手法繪製。

斜側面單腿重心姿勢（支撐腿在前）

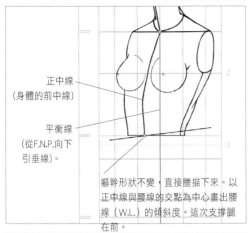

正中線
（身體的前中線）

平衡線
（從F.N.P.向下
引垂線）。

軀幹形狀不變，直接謄描下來。以
正中線與腰線的交點為中心畫出腰
線（W.L.）的傾斜度。這次支撐腿
在前。

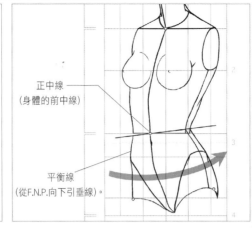

正中線
（身體的前中線）

平衡線
（從F.N.P.向下引垂線）。

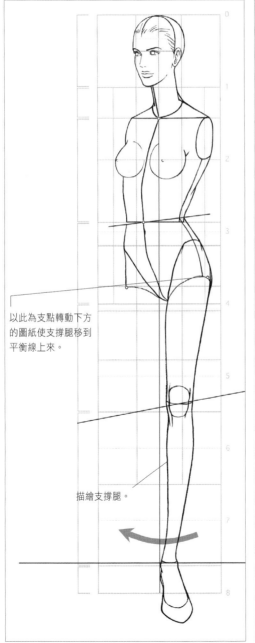

以此為支點轉動下方
的圖紙使支撐腿移到
平衡線上來。

描繪支撐腿。

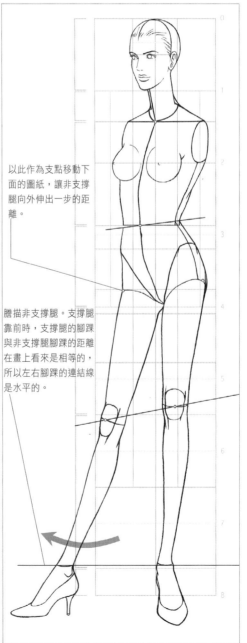

以此作為支點移動下
面的圖紙，讓非支撐
腿向外伸出一步的距
離。

謄描非支撐腿。支撐腿
靠前時，支撐腿的腳踝
與非支撐腿腳踝的距離
在畫上看來是相等的，
所以左右腳踝的連結線
是水平的。

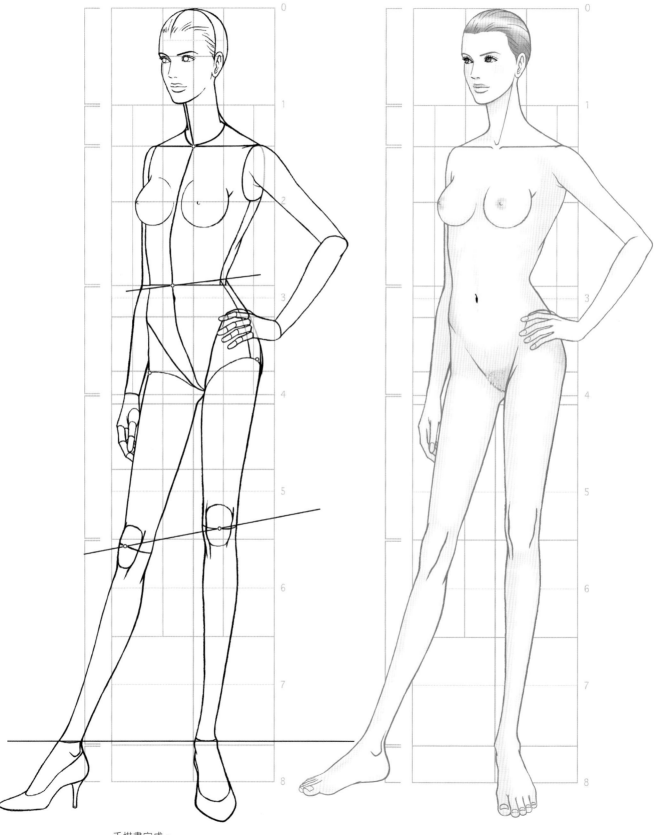

手描畫完成。

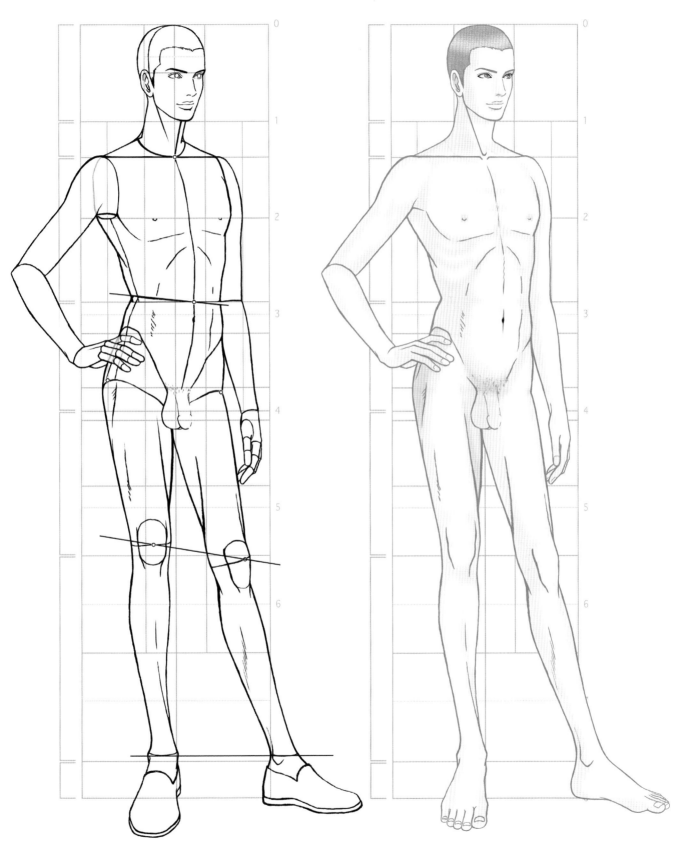

男性也以同樣的手法繪製。

斜側面單腿重心姿勢的基本組成部分。　在臉、手和非支撐腿上添加動作以作出各種姿勢的變化。

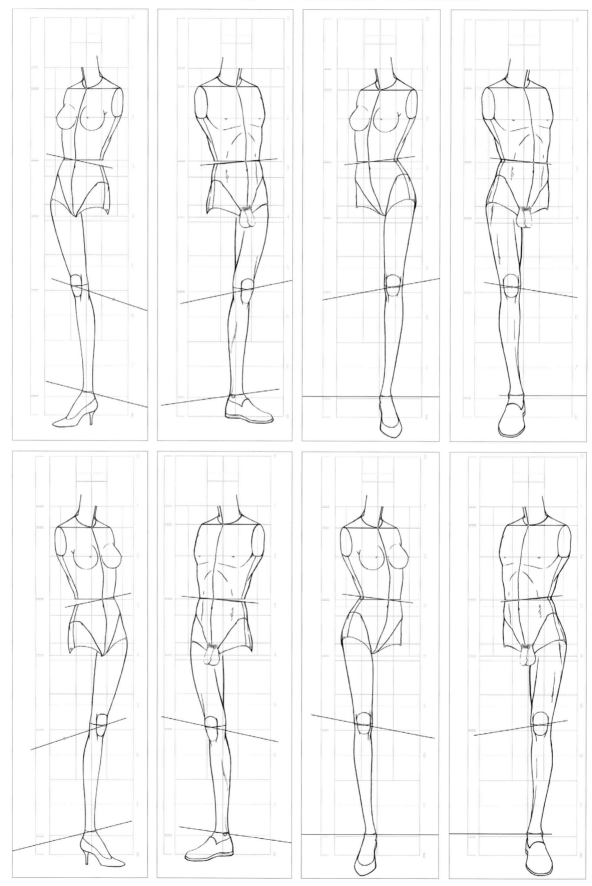

（4） 斜側面單腿重心姿勢・變化

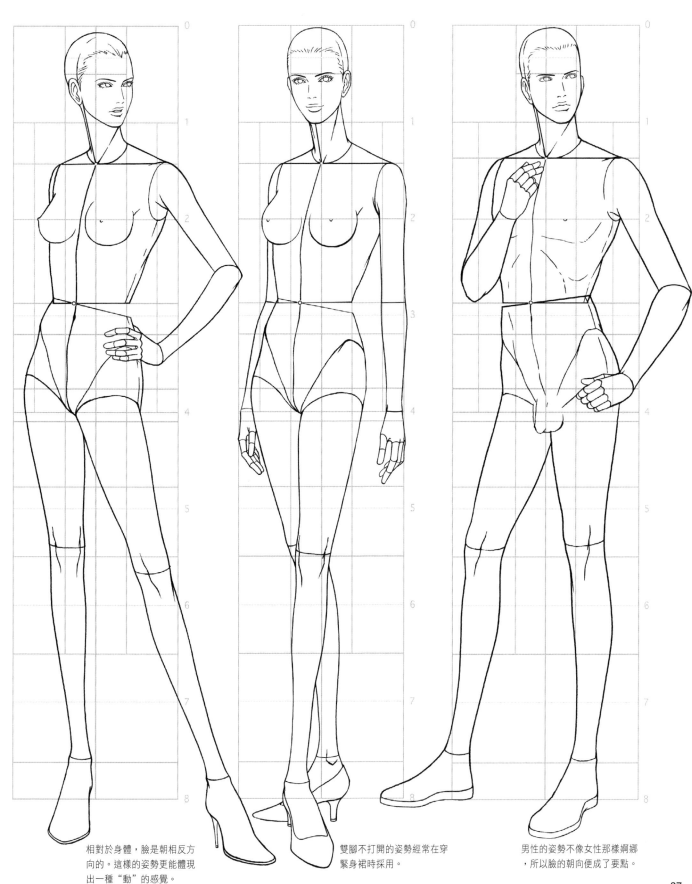

相對於身體，臉是朝相反方向的。這樣的姿勢更能體現出一種"動"的感覺。

雙腳不打開的姿勢經常在穿緊身裙時採用。

男性的姿勢不像女性那樣婀娜，所以臉的朝向便成了要點。

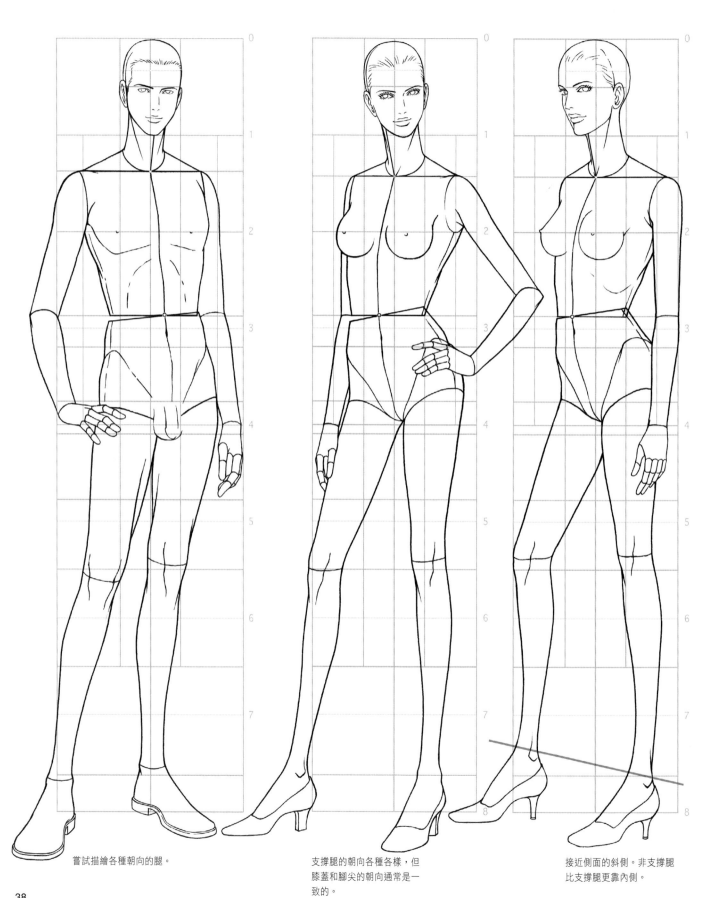

嘗試描繪各種朝向的腿。

支撐腿的朝向各種各樣，但膝蓋和腳尖的朝向通常是一致的。

接近側面的斜側。非支撐腿比支撐腿更靠內側。

（5）走路的姿勢

運用單腳重心的姿勢就可以繪製出走路的姿勢。

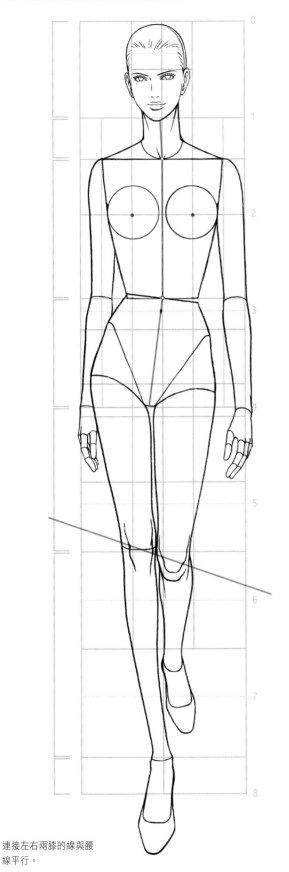

連接左右兩膝的線與腰
線平行。

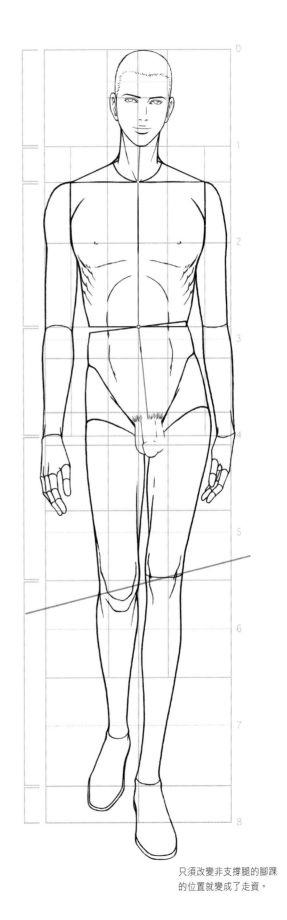

只須改變非支撐腿的腳踝
的位置就變成了走資。

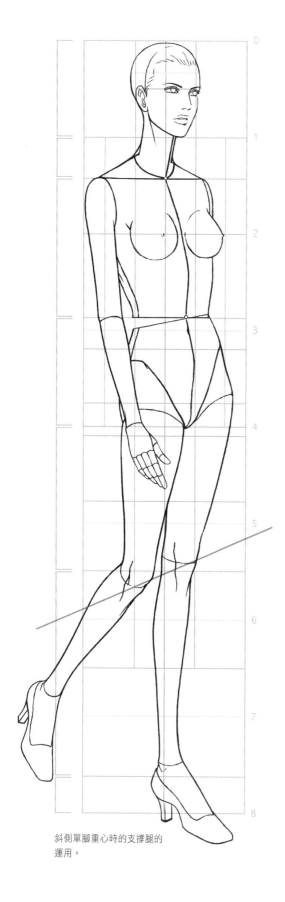

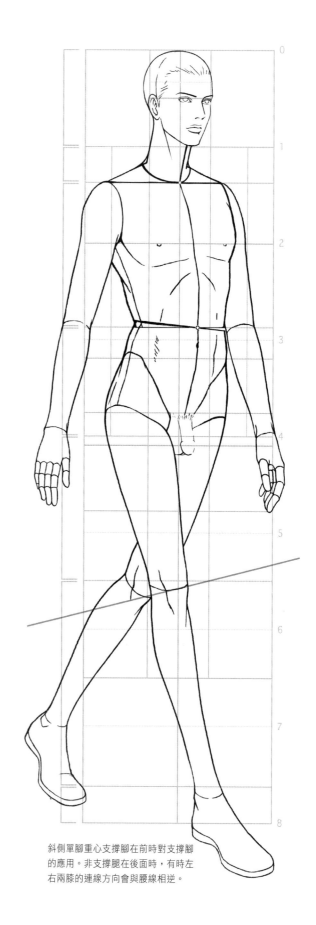

斜側單腳重心時的支撐腿的
運用。

斜側單腳重心支撐腳在前時對支撐腳
的應用。非支撐腿在後面時,有時左
右兩膝的連線方向會與腰線相逆。

(6) 各部位的動作

如果動作變化較多時，素描圖容易亂套，所以一定要嚴格按照以下幾個要點去做：

臉和頸的動作

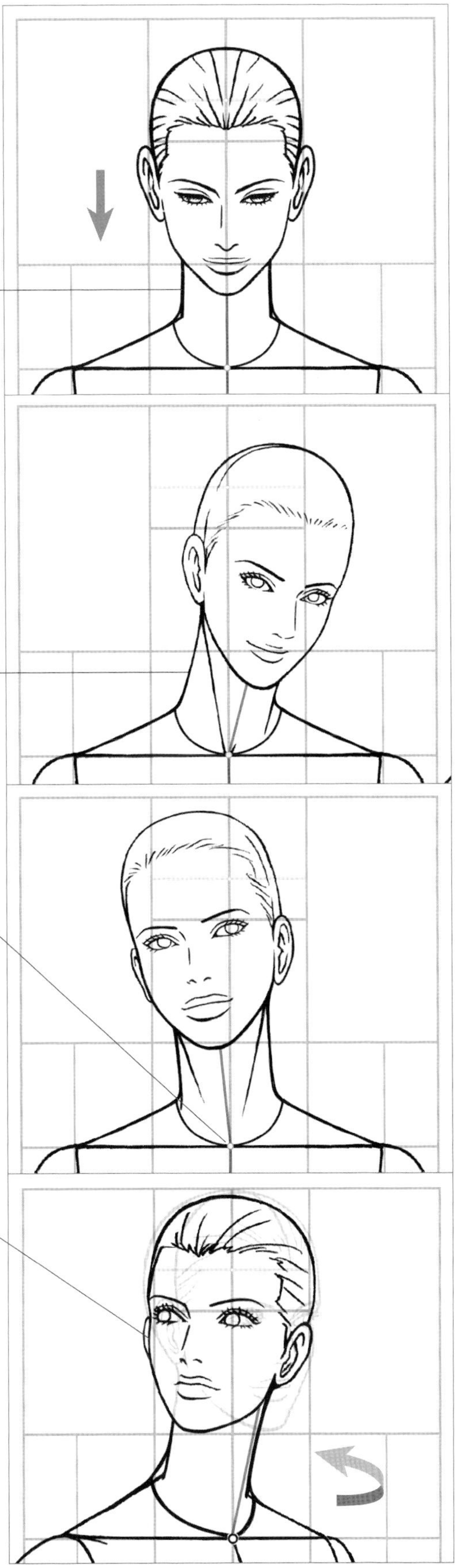

低頭時竟看起來短。

頸要以F.N.P.為中心活動。

頭部斜向上時頸不動只變化臉的朝向。

肩的動作

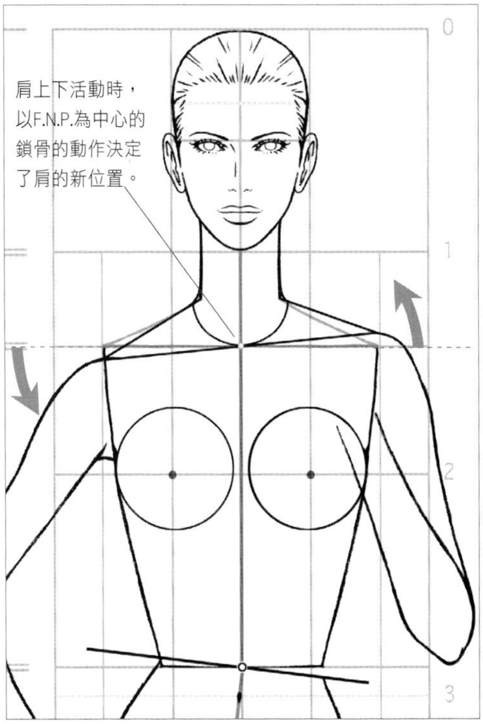
肩上下活動時，以F.N.P.為中心的鎖骨的動作決定了肩的新位置。
0
1
2
3

軀幹的動作

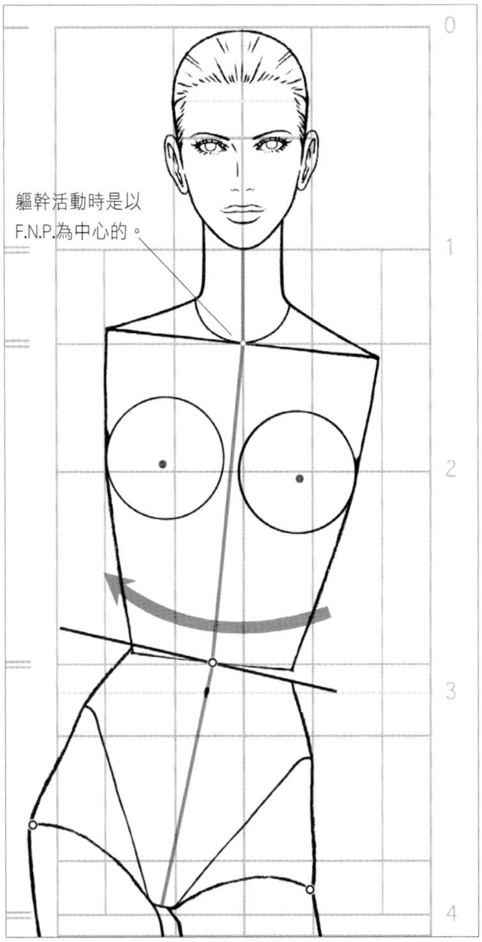
軀幹活動時是以F.N.P.為中心的。
0
1
2
3
4

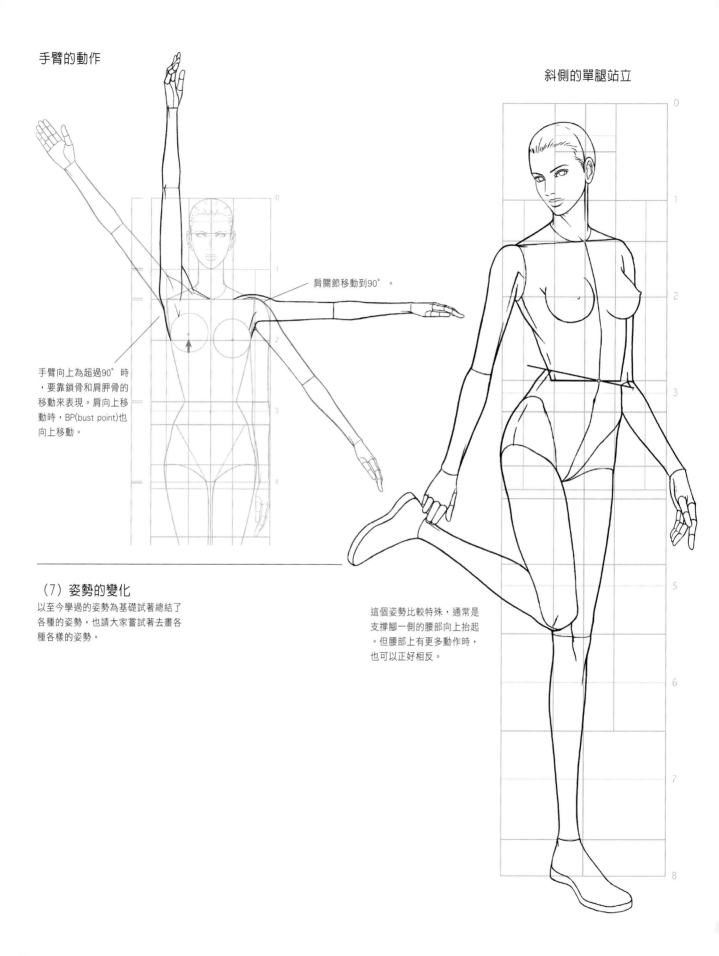

手臂的動作

斜側的單腿站立

肩關節移動到90°。

手臂向上為超過90°時
，要靠鎖骨和肩胛骨的
移動來表現。肩向上移
動時，BP(bust point)也
向上移動。

（7）姿勢的變化

以至今學過的姿勢為基礎試著總結了
各種的姿勢，也請大家嘗試著去畫各
種各樣的姿勢。

這個姿勢比較特殊，通常是
支撐腳一側的腰部向上抬起
。但腰部上有更多動作時，
也可以正好相反。

扭身　　　　　　　正面・單腿重心　　　　　　斜背面・單腿重心

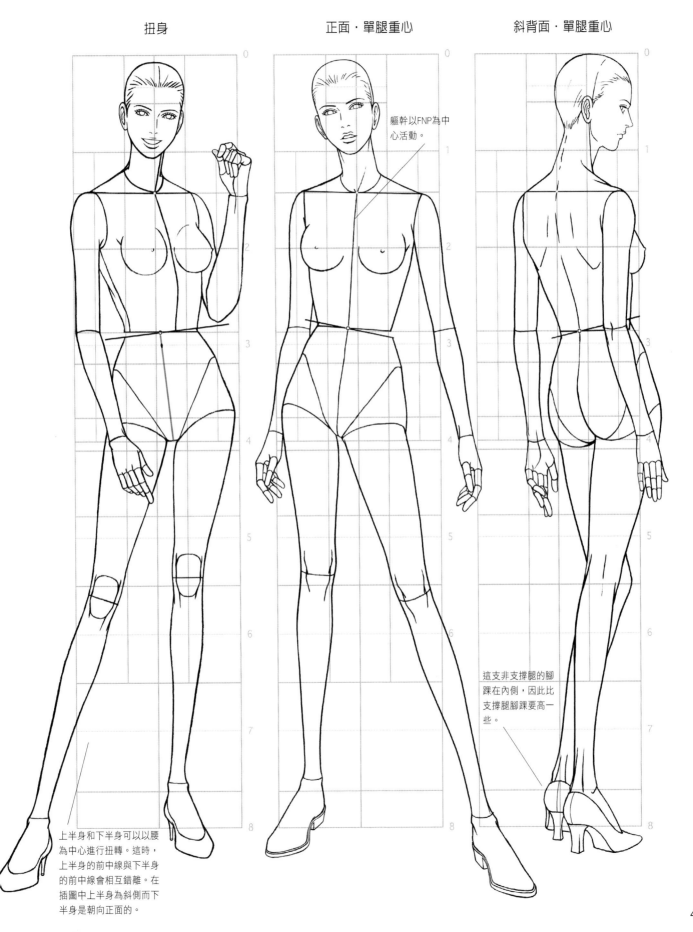

軀幹以FNP為中心活動。

這支非支撐腿的腳踝在內側，因此比支撐腿腳踝要高一些。

上半身和下半身可以以腰為中心進行扭轉。這時，上半身的前中線與下半身的前中線會相互錯離。在插圖中上半身為斜側而下半身是朝向正面的。

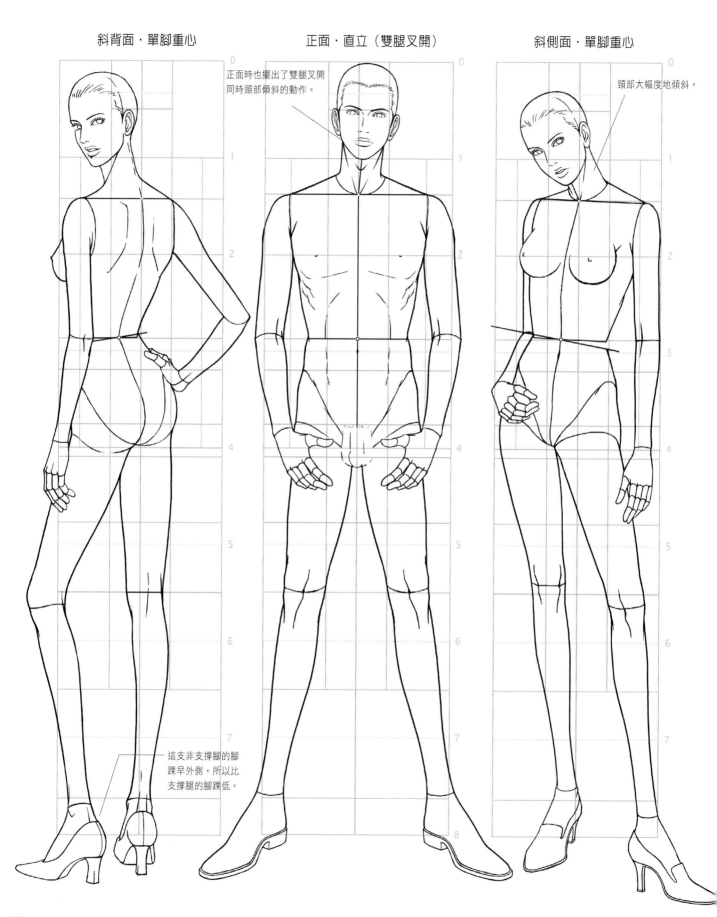

斜背面・單腳重心

正面・直立（雙腿叉開）

斜側面・單腳重心

正面時也擺出了雙腿叉開
同時頭部傾斜的動作。

頸部大幅度地傾斜。

這支非支撐腳的腳
踝呈外側，所以比
支撐腿的腳踝低。

44

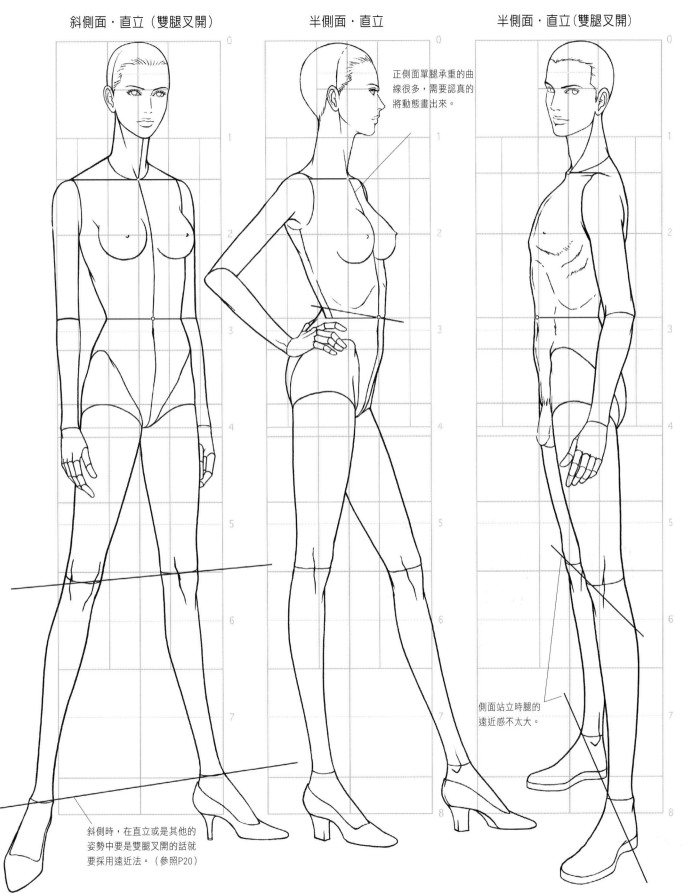

斜側面·直立（雙腿叉開）

半側面·直立

半側面·直立（雙腿叉開）

正側面單腿承重的曲線很多，需要認真的將動態畫出來。

斜側時，在直立或是其他的姿勢中要是雙腿叉開的話就要採用遠近法。（參照P20）

側面站立時腿的遠近感不太大。

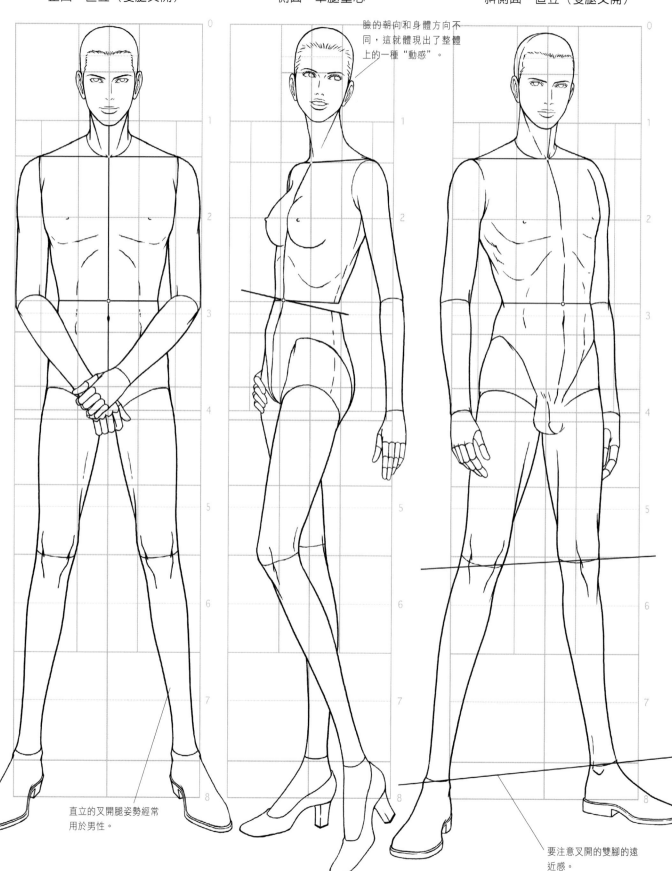

正面・直立（雙腿叉開）　　　　側面・單腿重心　　　　斜側面・直立（雙腿叉開）

臉的朝向和身體方向不
同，這就體現出了整體
上的一種"動感"。

直立的叉開腿姿勢經常
用於男性。

要注意叉開的雙腳的遠
近感。

〔3〕人體部位的畫法

為了能夠把握整個身體平衡，同時也能夠掌握好臉、手和腳的平衡，我們應當反復練習。由於臉、手和腳這些部位即使在穿著衣服時也是裸露著的，所以非常重要。

（1）手的畫法

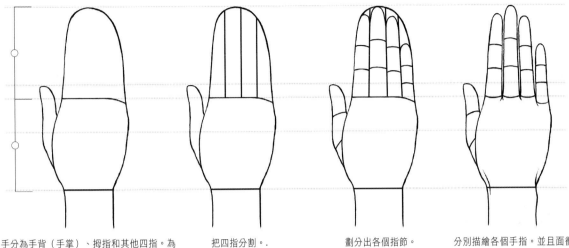

手分為手背（手掌）、拇指和其他四指。為了攫得住東西，拇指的根部在手腕。另外，其餘四根手指中，只有小指的根部較低，這是要點。手背與手指的比例為1：1。

把四指分割。.

劃分出各個指節。

分別描繪各個手指。並且面衝側面的手的拇指與手背的厚度大致相同。

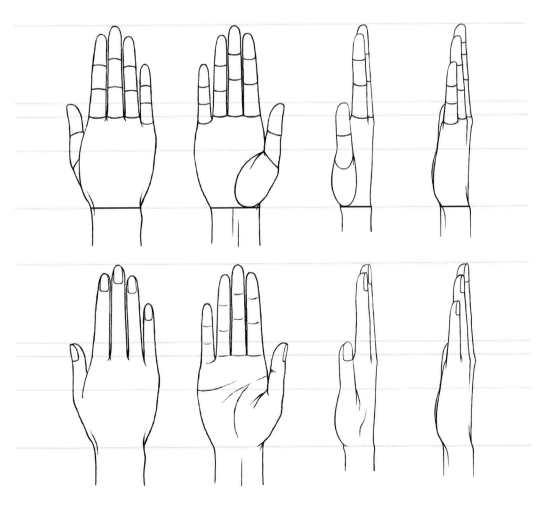

（2）手部動作的變化

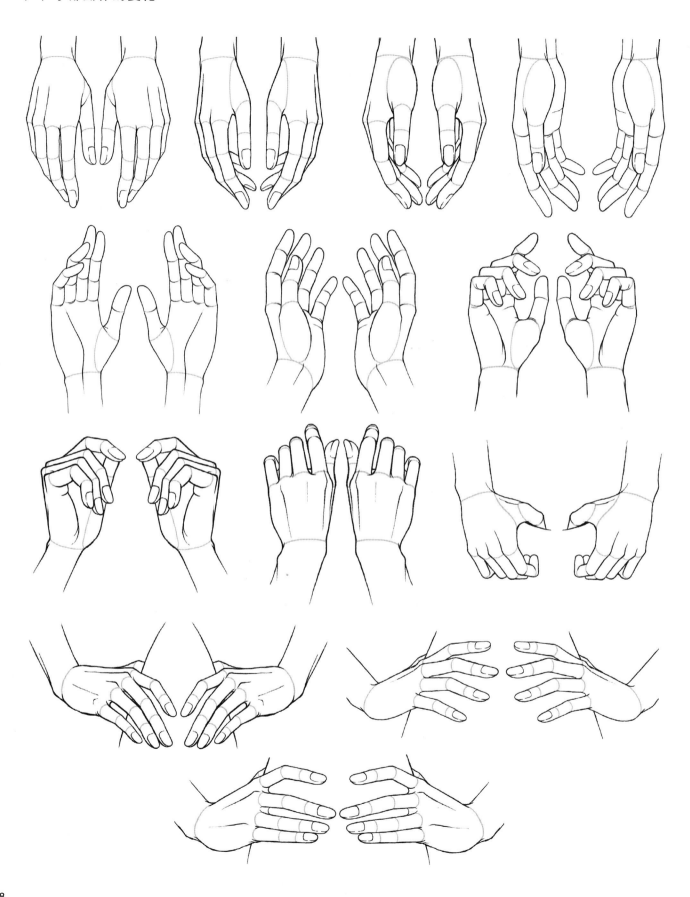

（3）腳的畫法

腳可分為腳後跟、腳背和腳趾。需要注意的是隨鞋跟高度的變化腳的
形狀也會發生改變。在此已將穿著普通鞋、涼鞋、無帶皮鞋和靴子時
的引導線畫出，請參考一下。

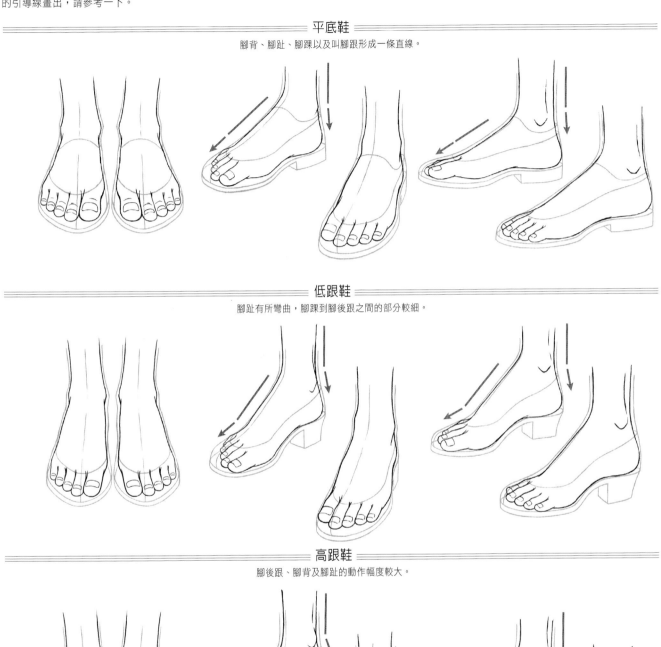

=== 平底鞋 ===

腳背、腳趾、腳踝以及叫腳跟形成一條直線。

=== 低跟鞋 ===

腳趾有所彎曲，腳踝到腳後跟之間的部分較細。

=== 高跟鞋 ===

腳後跟、腳背及腳趾的動作幅度較大。

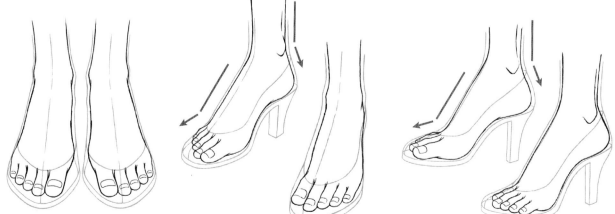

（4）臉部畫法

畫臉時有四點重要的方面：
1 臉部輪廓為雞蛋形
2 眼、鼻、口、耳的位置及大小
3 髮型
4 上色時要化妝

臉部的平衡（balance）

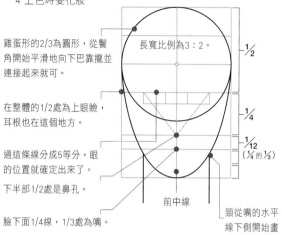

雞蛋形的2/3為圓形，從鬢角開始平滑地向下巴靠攏並連接起來就可。

在整體的1/2處為上眼瞼，耳根也在這個地方。

過這條線分成5等分，眼的位置就確定出來了。

下半部1/2處是鼻孔。

臉下面1/4線，1/3處為嘴。

長寬比例為3：2。

1/2
1/4
1/12
（1/4的1/3）

前中線

頸從嘴的水平線下側開始畫

斜側時由於可以看到後腦勺，寬度要增加。

橫線

前中線

頭部斜側時頸也是斜側的，但不會達到"側面"的程度。

橫線

前中線

側面比正面時寬30%。

眼、鼻、口的畫法

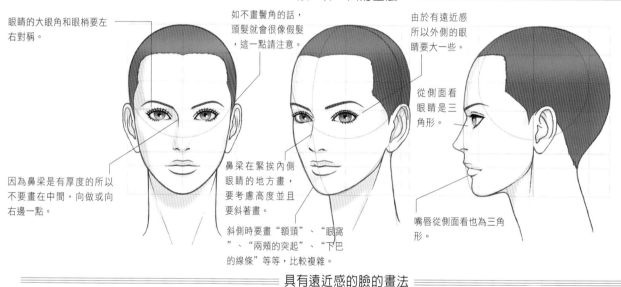

眼睛的大眼角和眼梢要左右對稱。

如不畫鬢角的話，頭髮就會很像假髮，這一點請注意。

由於有遠近感所以外側的眼睛要大一些。

從側面看眼睛是三角形。

因為鼻梁是有厚度的所以不要畫在中間，向做或向右邊一點。

鼻梁在緊挨內側眼睛的地方畫，要考慮高度並且要斜著畫。

斜側時要畫"額頭"、"眼窩"、"兩頰的突起"、"下巴的線條"等等，比較複雜。

嘴唇從側面看也為三角形。

具有遠近感的臉的畫法

向上
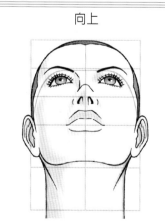

耳朵向下拉，眼睛往上移。

斜上

眼睛仍舊要高於耳朵，下巴線條明顯。

向下
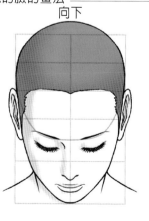

耳朵向上移，眼睛向下拉。

斜下
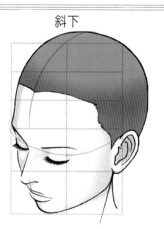

相較於耳朵眼睛仍是偏靠下方，下巴幾乎看不見。

===== 頭髮的畫法 =====

無論是在描繪什麼樣的髮型時，為了不破壞頭頂部部位的平衡一定要先畫一個光頭。

畫出頭髮的輪廓。要考慮到頭頂頭髮的厚度並留出餘地，注意不要畫成一個"澡盆頭"。

畫出頭髮的絲絡來。不是一根一根地畫出來再進行全面地塗色，而是大致以一百根左右為單位整齊地畫出髮絡來，這樣塗色時就會容易得多。

===== 戴帽子的方法 =====

在光頭上畫一個王冠（山）的形狀。考慮到要留出頭髮的餘地，"王冠"口兒要畫得大些。

畫出帽簷兒。

畫頭髮

===== 眼鏡的畫法 =====

畫出鏡片

畫出鏡框和鏡腿兒（掛在耳朵上的地方）。

試著讓帽子與眼睛更協調、搭配。

（4）臉部動作畫法

採用各種各樣的朝向及髮型畫成的樣本給大家做一個作畫的參考。在照著相片畫圖的時候，不是完全照搬照抄而是要採用儘量少的、簡略化的線條來畫。

第 2 章
item畫（分類畫）

　　item畫從大的方面來劃分有"衣架懸掛式"和"地面擺放式"兩種。"衣架懸掛式"item畫從最一般的裁剪說明書到在造型圖中添加於裾部的背部造型，都被廣泛地應用著。"地面擺放式"item畫中一般在展開無墊襯上衣的袖子時、以及展示袖子的設計和細節部分時使用。在這裏，我們主要學習一般的"衣架懸掛式"item畫。有關"地面擺放式"的內容在P55將會有所介紹。

item畫的格局

這裏的人體是將第一章所使用的人體拉寬5%之後的。
把衣服畫成平面圖時，身體厚度會使圖形寬度增加。

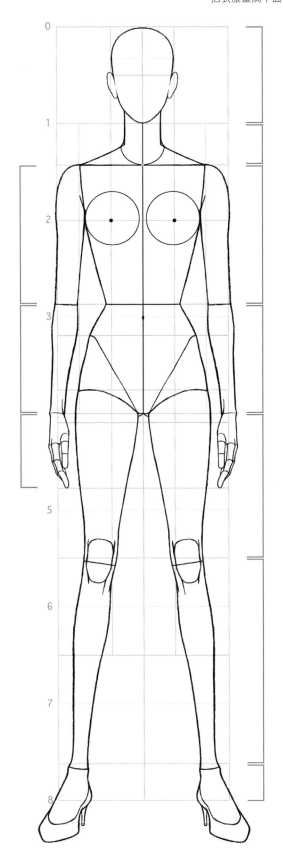

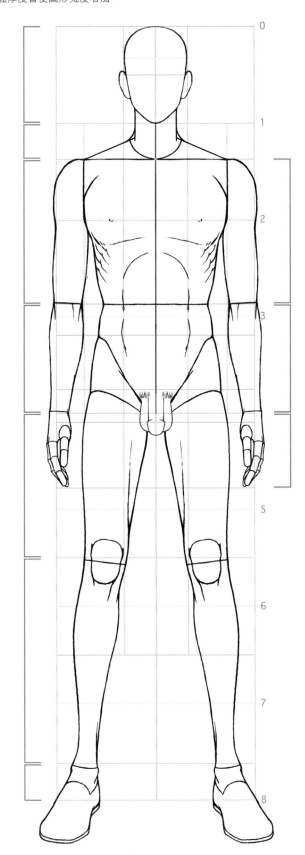

畫法（在所有衣服分類畫中都適用）

為使左右對稱請按以下方法：
1 將透寫紙向內側對折（折痕向外凸起），再將折痕展平使它不那麼突出。
2 接下來使人體圖紙的前中線與透寫紙的折痕重合，再用masking tape等進行固定。
3 首先摹畫左半身（或右半身）
4 摹畫完畢後再把紙對折回去透寫另外一半（如果用的是速寫本的話就要向外對折（折痕凹下），當左右兩面紙接觸時已畫好的那半面圖形就印在另外半面上。）
5 把左右兩半紙中沒法透寫下來的細節部分修整完之後就完成了摹畫程序。
6 把透寫下來的圖形謄到Kent紙上。在透寫紙背面用6B左右的鉛筆塗黑，再把Kent紙放在下面再用活動鉛筆（mechaincal pencil）描畫一遍。
7 把摹畫好的線條用繪圖筆最後勾畫一下就完成了。繪圖筆的粗細在0.05-0.2之間不等，要注意區分清楚。邊緣輪廓腰粗一些，鑲邊等細節部位要換成較細的筆。如果弄髒了就用橡皮擦淨。

必備物品：
・提前印好54張item畫的人體畫
・透寫紙或速寫本
・尺子（20cm左右的小尺）
・Kent紙
・活動鉛筆（mechaincal pencil）
・膠帶（masking tape）
・6B左右濃度的鉛筆

[1] shirt(男式襯衣) & blouse（女式套衫）

襯衣為上衣，最基本的功能是作為貼身衣服，質地厚一些的可以作外套。Blouse最開始就是用男式襯衣改成的女用的衣服。

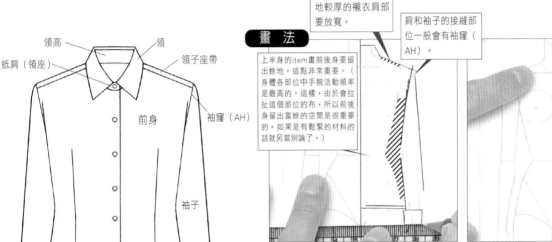

領高
領
抵肩（領座）
領子座帶
前身
袖襱（AH）
袖子
皺襞
門襟
袖口

領肩
後身
皺襞
袖子開氣

畫 法

襯衣由於是穿在裏面的，肩部稍微寬鬆一點兒為好。質地較厚的襯衣肩部要放寬。

肩和袖子的接縫部位一般會有袖襱（AH）。

由於是先勾畫出輪廓，所以線條出來一點也沒關係。

上半身的item畫前後身要留出餘地，這點非常重要。（身體各部位中手腕活動頻率是最高的。這樣，由於會拉扯這個部位的布，所以前後身留出富餘的空間是很重要的。如果是有鬆緊的材料的話就當別論了。）

1. 根據上述說明進行繪製。先把透寫紙固定在人體圖形紙上進行繪製。首先用尺子從直線畫起。

2. 直線與直線之間用平滑的直線連接。請試著觀察一下實物的感覺是怎樣的。

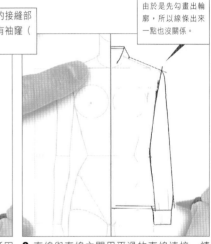

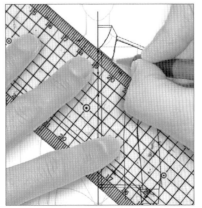

3. 勾畫完輪廓後，開始描繪領子、結構線等這些細節部分。先從左右兩邊細節部分較多的地方開始畫會比較好。

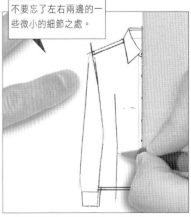

不要忘了左右兩邊的一些微小的細節之處。

4. 將透寫紙向裏面對折，摹畫另一半。兩半身都畫完後，用6B左右的鉛筆把背面塗黑。再在下面放一張Kent紙，用活動鉛筆描一遍就可以拓下來了。最後再把拓下來的圖形用繪圖筆勾畫一遍就完成了。

item式樣變化

埃華襯衫
帶有埃華風格的傳統襯衣。面料一般為素色的oxford布或者方格花紋的棉府綢。

牧師襯衫
一種衣身為素色方格或方格、領子和袖子為白色的襯衣。

包裹罩衫
好像纏繞在身上的一種罩衫。

獵裝夾克
打獵或旅行時穿的外套。

抽帶領罩衫
外形為筒形的罩衫，tunic在法語中為內衣、襯衣之意。

衣領的設計變化

標準衣領

短領

長領

寬領

圓領

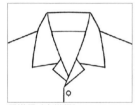

開襟領（多變領）

紐扣領

撮領

翼領

蝴蝶結領

領線的設計變化

水手領

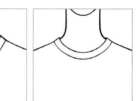

V字領

圓領

亨利領

U字領

一字領（船形領）

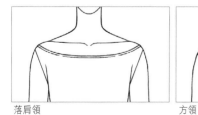

落肩領

方領

三角領（吊肩）

單肩領

袖口的設計變化

單夾克

雙夾克

口袋的設計變化

新月形口袋

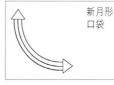

方口袋

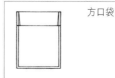

五角形口袋

袖子的設計變化

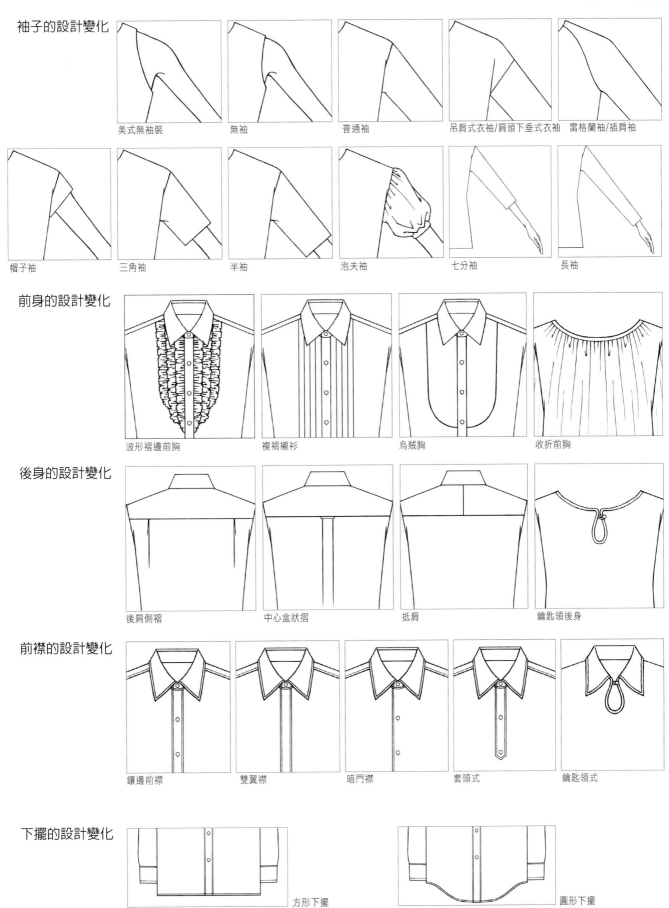

美式無袖裝　　無袖　　普通袖　　吊肩式衣袖/肩頭下垂式衣袖　　雷格蘭袖/插肩袖

帽子袖　　三角袖　　半袖　　泡夫袖　　七分袖　　長袖

前身的設計變化

波形褶邊前胸　　複褶襯衫　　烏賊胸　　收折前胸

後身的設計變化

後肩側褶　　中心盒狀摺　　抵肩　　鑰匙領後身

前襟的設計變化

鑲邊前襟　　雙翼襟　　暗門襟　　套頭式　　鑰匙領式

下擺的設計變化

方形下擺　　圓形下擺

[2]上衣和西裝夾克

從廣泛的意義上説，它們涵蓋了包括夾克在內的所有外套，但在這裏特指那些在商務和職場所穿的正裝。

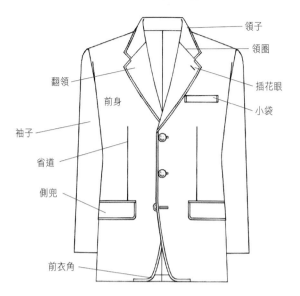

- 領子
- 領圈
- 翻領
- 前身
- 插花眼
- 小袋
- 袖子
- 省道
- 側兜
- 前衣角

男式上衣
（單排三扣）

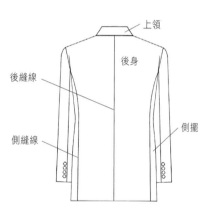

- 上領
- 後身
- 後縫線
- 側擺
- 側縫線

畫　法

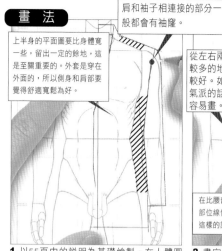

肩和袖子相連接的部分一般都會有袖窿。

上半身的平面圖要比身體寬一些，留出一定的餘地，這是至關重要的。外套是穿在外面的，所以側身和肩部要覺得舒適寬鬆為好。

1.以55頁中的説明為基礎繪製。在人體圖形紙上覆一張透寫紙並固定好就可以開始畫了。首先用尺子從直線畫起。

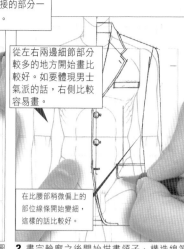

從左右兩邊細節部分較多的地方開始畫比較好。如要體現男士氣派的話，右側比較容易畫。

在比腰部稍微偏上的部位線條開始變細，這樣的話比較好。

2.畫完輪廓之後開始描畫領子、構造線等這些細節部分

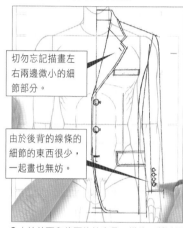

切勿忘記描畫左右兩邊微小的細節部分。

由於後背的線條的細節的東西很少，一起畫也無妨。

3.由於前面和後面的輪廓是一樣的，所以很方便描畫得一致。

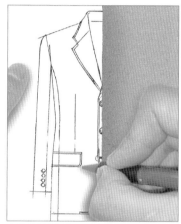

4.謄描折疊後的另一半紙。左右兩半身都完成之後用6B左右的鉛筆把背面塗黑，並在下面放一張Kent紙，用活動鉛筆描一遍就可以拓下來了。然後用繪圖筆再勾畫一遍就完成了。

Item式樣變化

雙排上衣
左襟丏入很深，雙排扣

經典西裝外套

英國運動俱樂部中規定的制服

無領上裝
無領的上裝在女性中很常見。像圖中這樣的夏奈爾裝也是常見的類型。

短上裝
身長較短的上裝

翻領的設計變化

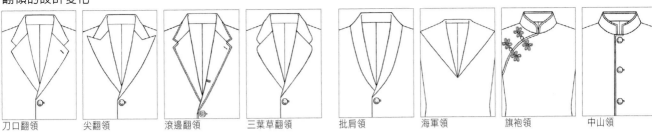

刀口翻領　　尖翻領　　滾邊翻領　　三葉草翻領　　批肩領　　海軍領　　旗袍領　　中山領

襟處的設計變化

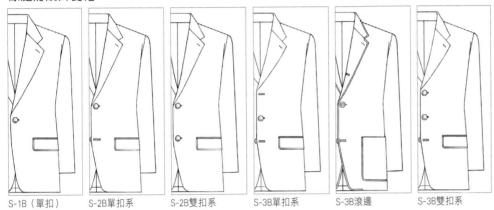

S-1B（單扣）　　S-2B單扣系　　S-2B雙扣系　　S-3B單扣系　　S-3B滾邊　　S-3B雙扣系

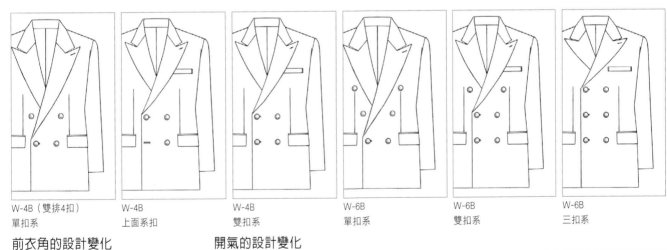

W-4B（雙排4扣）
單扣系

W-4B
上面系扣

W-4B
雙扣系

W-6B
單扣系

W-6B
雙扣系

W-6B
三扣系

前衣角的設計變化　　開氣的設計變化

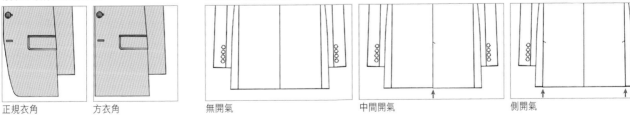

正規衣角　　方衣角　　無開氣　　中間開氣　　側開氣

口袋的設計變化

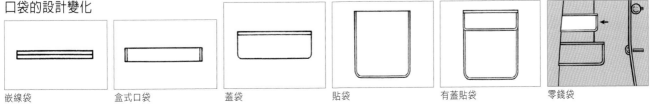

嵌線袋　　盒式口袋　　蓋袋　　貼袋　　有蓋貼袋　　零錢袋

[3] 夾克（短外套）

過腰的外套。法語中意為防寒夾克服（blouson）。

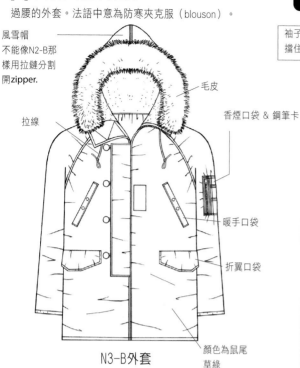

風雪帽
不能像N2-B那樣用拉鏈分割開zipper.

拉線

毛皮

香煙口袋 & 鋼筆卡

暖手口袋

折翼口袋

顏色為鼠尾草綠

N3-B外套
美國空軍的寒冷地帶用外套。

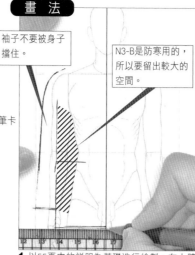

袖子不要被身子擋住。

N3-B是防寒用的，所以要留出較大的空間。

1.以55頁中的說明為基礎進行繪製。在人體圖形紙上覆上一張透寫紙並固定好。然後從輪廓開始畫。首先用尺子從直線畫起。

2.直線與直線之間用平滑的曲線連接，描繪出衣服的結構。

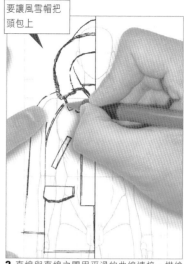

要讓風雪帽把頭包上

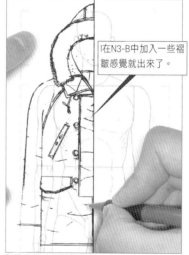

在N3-B中加入一些褶皺感覺就出來了。

3.進而描繪細節部分。

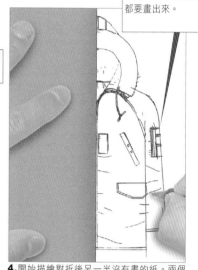

服裝左右半邊的細節都要畫出來。

4.開始描繪對折後另一半沒有畫的紙。兩個半身都畫完後，用6B左右的鉛筆把透寫紙背面塗黑並在下面放一張Kent紙，然後用活動鉛筆描一遍就可以拓下來了。最後，再用繪圖筆勾畫一下就完成了。

Item式樣變化

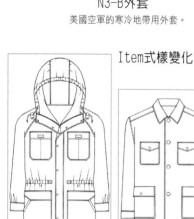

登山雪衣
登山用的帶風雪帽的外套。透氣性、防水性好。

工作服
工作服類的外套。原意是指上下連成一線的接縫。

CUW-45P
CUW是cold weather unit的簡稱。使用了持久、耐熱性很好的阿拉米德纖維（aramid fiber）的美國海軍開發的外套。

棒球衣
原本是棒球運動員的防寒服。這種棒球衣是由於被橫須賀的美軍穿著而流行開來的。

摩托車夾克
採用了飆車族用的皮革的外套。其特徵為不對稱的前襟設計。

斜紋粗布外套
俗稱勞動部外套(牛仔外套)。牛仔布做成的外套。牛仔布為細斜紋棉布。

搖擺上衣
原本是打高爾夫時穿的外套。

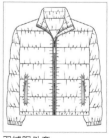

羽絨服外套
裝入羽毛的外套

[4] 針織外套

針織而成的衣服。其中，用喬賽面料製作而成的、可以對其進行裁剪縫製的叫做cut and sewn。

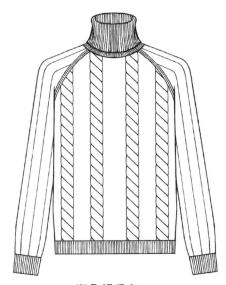

海龜領毛衣：
海龜領是高領毛衣的一種，是翻領的。

Item式樣變化

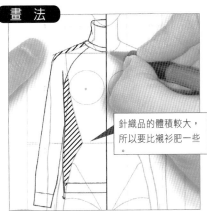

針織品的體積較大，所以要比襯衫肥一些

1. 以55頁的說明為基礎進行繪製。在人體圖紙上面覆一張透寫紙並固定好，然後開始描畫輪廓。首先用尺子從直線畫起。

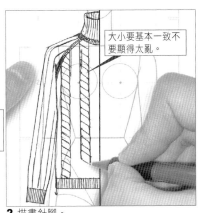

大小要基本一致不要顯得太亂。

2. 描畫針腳。

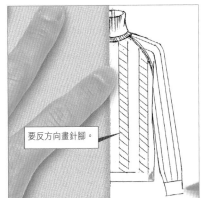

要反方向畫針腳。

3. 畫完半身之後將透寫紙向內折，開始謄描另外一半。

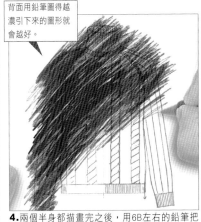

背面用鉛筆圖得越濃引下來的圖形就會越好。

4. 兩個半身都描畫完之後，用6B左右的鉛筆把背面塗黑並在下面放一張Kent紙。然後用活動鉛筆描一遍就可拓下來。最後再把拓下來的圖形用繪圖筆勾畫一遍就完成了。

派克大衣（風雪衣）
帶兜頭帽

針織運動衫（喬賽）
前開襟為拉鏈的運動和訓練用外套。

短袖衫（木球衫）
木球比賽時穿的統一服裝。

對襟毛（線）衣
無領針織衫

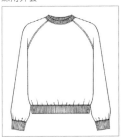

寬鬆長袖運動衫
（教練衫）

T恤
雙袖打開後呈"T"字形，由此得名。

棒球衣
棒球球衣

吊帶衫
U形領無袖的。

（女式）無袖貼身衫
原本為女用內衣

[5] 馬甲

長度及腰的裹身衣類。由於是將西裝的中間軀幹部分直接穿起來所以又叫做西服背心。

無袖的

側縫線

與西裝外套同樣為橫扣眼

盒式口袋

側擺

蓋袋

馬甲背面

側擺

開氣

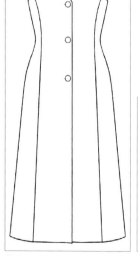

長馬甲
長度很長的馬甲。

Item式樣變化

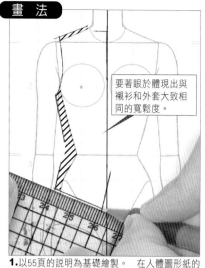

要著眼於體現出與襯衫和外套大致相同的寬鬆度。

1. 以55頁的說明為基礎繪製。　在人體圖形紙的上面覆一張透寫紙並固定。然後開始繪製輪廓。首先，要用尺子從直線畫起。

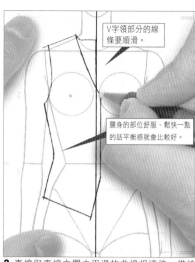

V字領部分的線條要順滑。

腰身的部位舒服、鬆快一點的話平衡感就會比較好。

2. 直線與直線之間由平滑的曲線相連接，描繪出衣服的框架。

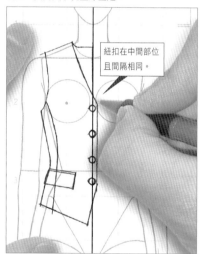

紐扣在中間部位且間隔相同。

3. 進一步地描繪細節部分

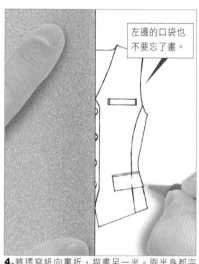

左邊的口袋也不要忘了畫。

4. 將透寫紙向裏折，描畫另一半。兩半身都完成後，用6B左右的鉛筆將紙背面塗黑，並在下面放一張Kent紙，用活動鉛筆描畫一遍就可以拓在Kent紙上了。然後把拓下來的畫用繪圖筆勾畫一遍就完工了。

休閒背心
平時穿的背心

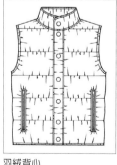

羽絨背心
裝入羽絨的背心

針織背心
針織的背心，一般為圓領或V字領

釣魚坎肩
釣魚時穿的坎肩，有很多口袋，長度在腰部以上

[6] 大衣

長度較長的外套。膝蓋以上的可稱為短大衣，及膝的為中長大衣，膝蓋以下的為長大衣。

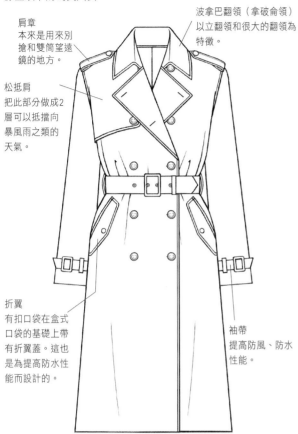

肩章
本來是用來別搶和雙筒望遠鏡的地方。

松抵肩
把此部分做成2層可以抵擋向暴風雨之類的天氣。

波拿巴翻領（拿破侖領）以立翻領和很大的翻領為特徵。

折翼
有扣口袋在盒式口袋的基礎上帶有折翼蓋。這也是為提高防水性能而設計的。

袖帶
提高防風、防水性能。

雙排扣帶腰帶短大衣
第一次世界大戰中，英國陸軍為戰壕戰所開發的大衣。

Item式樣變化

公主裝
英國的愛德華七世王后即Alexandra女王在公主時代非常愛穿，並由此得名。豎著有兩條縫線來修飾腰部的線條，並且逐漸向下擺張開並呈喇叭形。

粗呢大衣（漁夫裝）
以兜頭帽和栓扣為特徵的中長大衣。原來是漁夫穿的大衣，但在第二次世界大戰時由於英國海軍的採用傳而擴大了穿著範圍。

雙排紐厚呢短大衣（水手裝）
用藏青和黑色的厚羊絨做成的雙排紐的短大衣。英國海軍艦上穿用大衣。

立式折領大衣
立式折領大衣的第一個紐扣可以繫上也可以解開。此外，還有雙層門襟和插肩式袖子也是其特徵。

畫法

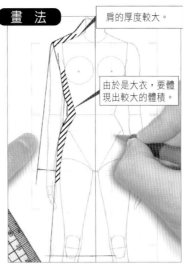

肩的厚度較大。

由於是大衣，要體現出較大的體積。

1. 以55頁的說明為基礎進行描繪。在人體圖形紙上覆一張透寫紙，固定好後開始描畫。首先用尺子從直線開始畫起。

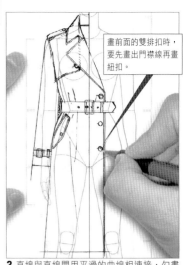

畫前面的雙排扣時，要先畫出門襟線再畫紐扣。

2. 直線與直線間用平滑的曲線相連接，勾畫出衣服的框架。

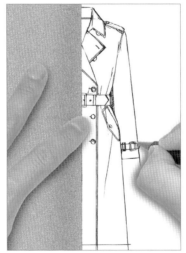

3. 將透寫紙向內折，描畫另外一半。

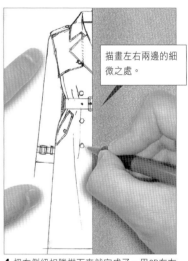

描畫左右兩邊的細微之處。

4. 把右側紐扣謄描下來就完成了。用6B左右的鉛筆將紙的背面塗黑，並在透寫紙的下面放一張Kent紙，用活動鉛筆描一遍就可以謄下來了。最後把Kent紙上的圖形用繪圖筆購一遍就全部完成了。

[7] 褲裝

屬於下身衣服的一種，從褲襠處分開成兩部分。

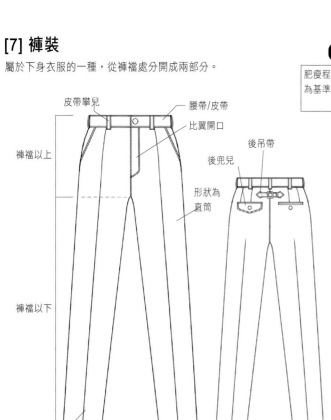

皮帶攀兒
腰帶/皮帶
比翼開口
後吊帶
後兜兒
形狀為直筒
褲襠以上
褲襠以下
褲線
褲腳

直筒褲
像管子一樣的直筒的褲子。

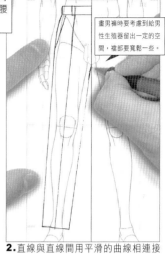

肥瘦程度要以大腿為基準來考慮。

畫腰帶的基本點就是要畫在肚臍靠下面一帶。再根據時代的流行畫出高腰或是低腰褲。

畫男褲時要考慮到給男性生殖器留出一定的空間，襠部要寬鬆一些。

畫 法

1.以55頁的說明為基礎進行描繪。在人體圖形紙上覆一張透寫紙，固定好後開始描畫。首先用尺子從直線開始畫起。

2.直線與直線間用平滑的曲線相連接，勾畫出衣服的框架。

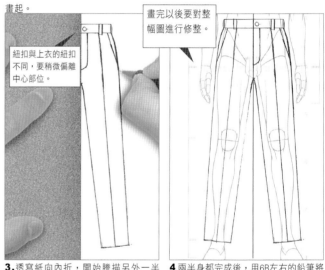

紐扣與上衣的紐扣不同，要稍微偏離中心部位。

畫完以後要對整幅圖進行修整。

3.透寫紙向內折，開始謄描另外一半。

4.兩半身都完成後，用6B左右的鉛筆將紙背面塗黑，並在下面放一張Kent紙，用活動鉛筆描畫一遍就可以拓在Kent紙上了。然後把拓下來的畫用繪圖筆勾畫一遍就完工了。

Item式樣變化

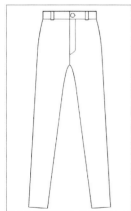

緊身褲
褲子整體都很瘦，緊貼身。

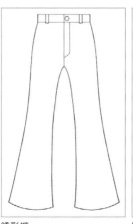

鍾形褲
褲腳像鍾的形狀

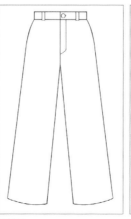

肥腿褲
像口袋一樣肥肥的形狀

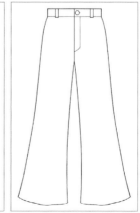

喇叭褲
朝褲腳方向逐漸變寬

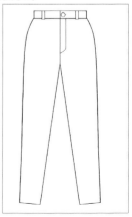

羅蔔褲（收腿褲）
褲腿緊收。褲襠以上顏色較深的這種褲子叫做peg top。

item變化

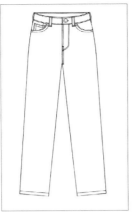

勞動布長褲
通稱牛仔褲，用勞動布做成的工作服長褲。其特徵為：有包括硬幣口袋在內的五個口袋，以及屁股上的皮制上標牌。

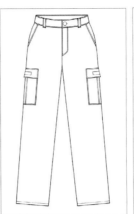

工作服長褲
工作、作業時穿的長褲的總稱。特徵為它有各種各樣的側兜。有畫工褲和搬運工褲。

馬褲
騎馬時穿的長褲，以上半部肥大為特徵。

半截短褲
長及膝的短褲的總稱。

熱褲
褲腿非常短、具有挑逗性，由此得名。

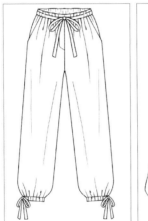

背帶褲
帶有像布兜一樣的護胸布的長褲。為了防止弄髒而連帶著上半身也一起穿在了身上，由此得名。

毛線褲

後宮褲
伊斯蘭教的女性所穿的氣球狀的長褲。

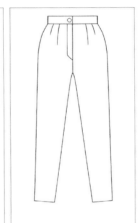

短緊身褲（錐形褲）
由於電影《美麗的薩布麗娜》成為一時話題的七分褲。

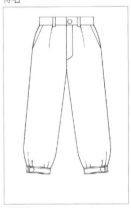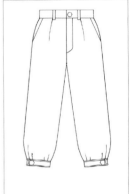

燈籠褲
本來是移民到紐約的荷蘭人穿短褲。登山用燈籠褲較為瘦細，高爾夫用燈籠褲則較為寬鬆。

前身折襉的設計變化

無折襉

一條折襉

兩條折襉

皺襞（褶子）

褲腳的設計變化

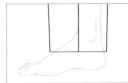
無克夫褲腳

克夫褲腳

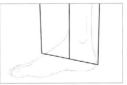
晨禮服式褲腳（斜向後面的褲腳）

長筒靴褲腳（褲腳張開且向後斜）

口袋的設計變化

L形口袋

表袋
（別名：硬幣袋。可裝懷錶和硬幣）

斜插兜

水平口袋

[8] 連衣裙

將上裝與下裝結合起來的衣服。

畫法

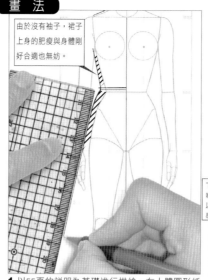

由於沒有袖子，裙子上身的肥瘦與身體剛好合適也無妨。

1. 以55頁的說明為基礎進行描繪。在人體圖形紙上覆一張透寫紙，固定好後開始描畫。首先用尺子從直線開始畫起。

裙子部分有皺褶，所以要比較寬鬆。

下身裙子部分成喇叭形張開，所以要有一種飄動感。

2. 直線與直線間用平滑的曲線相連接，勾畫出裙子的框架。

皺褶要是左右對稱的話反而顯得不自然，所以要適當的有所變化。

3. 透寫紙向內折，開始謄描另外一半。

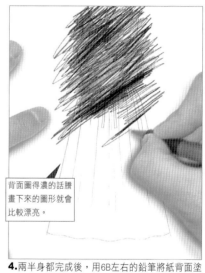

背面圖得濃的話謄畫下來的圖形就會比較漂亮。

4. 兩半身都完成後，用6B左右的鉛筆將紙背面塗黑，並在下面放一張Kent紙，用活動鉛筆描畫一遍就可以拓在Kent紙上了。然後把拓下來的畫用繪圖筆勾畫一遍就完工了。

item式樣變化

特徵是肩膀上的結

短袖貼身的風格

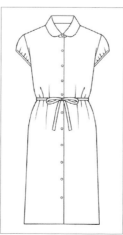

連肩袖（三角袖）為特徵

無帶露肩式

[9] 裙子（skirt）

下身衣服的一種。筒狀不分兩腿的衣服。原意是指女衫腰部以下的部分。

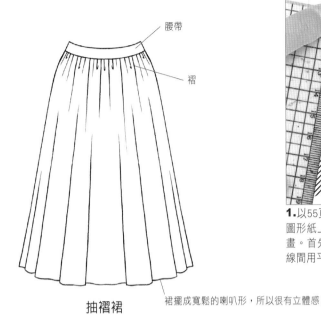

抽褶裙

裙擺成寬鬆的喇叭形，所以很有立體感

畫 法

畫腰帶要注意畫成低腰。

描畫出腰部平滑的線條。

裙子從大腿骨根部開始膨脹。

1. 以55頁的說明為基礎進行描繪。在人體圖形紙上覆一張透寫紙，固定好後開始描畫。首先用尺子從直線開始畫起直線與直線間用平滑的曲線相連接。

抽褶和褶子要是用尺子比著畫的話就會有堅硬感，所以要自由描繪。

2. 勾畫出裙子的框架、結構。

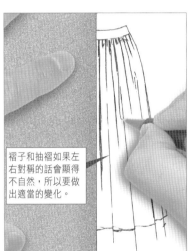

褶子和抽褶如果左右對稱的話會顯得不自然，所以要做出適當的變化。

3. 透寫紙向內折，開始謄描另外一半。兩半身都完成後，用6B左右的鉛筆將紙背面塗黑，並在下面放一張Kent紙，用活動鉛筆描畫一遍就可以拓在Kent紙上了。然後把拓下來的畫用繪圖筆勾畫一遍就完工了。

形狀上的設計變化

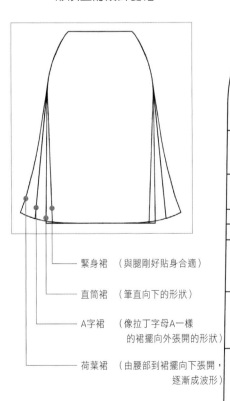

緊身裙 （與腿剛好貼身合適）

直筒裙 （筆直向下的形狀）

A字裙 （像拉丁字母A一樣的裙擺向外張開的形狀）

荷葉裙 （由腰部到裙擺向下張開，逐漸成波形）

長度上的設計變化

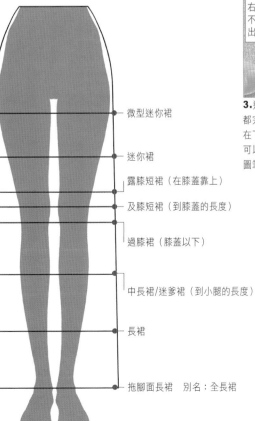

微型迷你裙

迷你裙

露膝短裙（在膝蓋靠上）

及膝短裙（到膝蓋的長度）

過膝裙（膝蓋以下）

中長裙/迷冬裙（到小腿的長度）

長裙

拖腳面長裙　別名：全長裙

item 式樣變化

打襉裙
打了折?的裙子

披繞裙
用一面布卷起來、用卡子等物固定的裙子

低腰超短裙
挎在盆骨上的短裙，腰相當低

手帕擺群
裙擺下面形狀不一的裙子

多節裙
將褶邊重疊、一層層的裙子

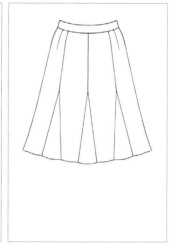

（有襠布的）圓臺群
有長的三角布（襠布）的喇叭裙

打襉的變化

刀襉
朝向同方向折疊的折襉

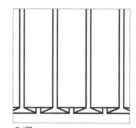

盒襉
折痕在內側相互圍成一個個盒子形狀的折襉

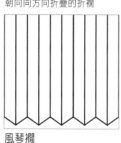

風琴襉
像手風琴的風箱一樣的折襉

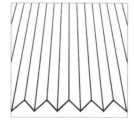

陽光襉
像太陽光線一樣呈放射狀的折襉

第 3 章
樣式圖

　　所謂的樣式圖就是穿著服裝的人物圖。它十分重視款式的組合搭配、穿著方法、以及體積感之類的整體上的平衡感。與重視服裝構造的款式圖相比，樣式圖表現的是一種立體感，主要用於設計一些整體的印象圖，如樣式、搭配、髮式等等。要畫好樣式圖，非常重要的一點就是要好好把握住時裝設計的三大要素。

時裝設計的三大要素

（1） 輪廓

指的是服裝的整體輪廓。這在設計上是最重要的。在第一章已經學過了"給人體上的款式加上寬鬆感（體積感）"的知識，我們可以根據這些知識進行著裝。

（2） 細節

指的是服裝的細微構造或者腰帶、帽子、鞋子等等小物件的設計。即使是同一個輪廓，如果細節不同的話，也可以擴展出成千上萬種的設計方案來。衣服長度的細微區別也是非常重要的一個設計點。

（3）顏色、材料、花紋

在服裝廠家，一般是先決定織物（材料），然後再以此為基礎進行設計。即使一套服裝的設計是一樣的，而僅僅改變材料或者顏色的話，形象也會大為改變。在樣式設計中，我們一定要留意織物這一環節。

如果能夠將以上的三點按照從（1）到（3）的順序進行描畫的話，那麼就可以畫出設計點很明確的樣式圖了。（1）、（2）因為是線條畫，所以要用鉛筆或者鋼筆，（3）要用顏料等等的畫具來表現效果。

[1]著裝

著裝中最重要的一點就是輪廓與體積感。即使是同一個款式，如果在體積感或者尺寸上加以變化的話，也可以變成新的設計。mods曾經在六十年代流行，這種套裝樣式，緊緊地貼在人的身上，甚至緊到了坐不下去的程度。而B Boys在八十年代末期流行，它是一種非常大的超尺碼衣服。時代不同，流行也會變化。另外，即使是同一個輪廓，如果衣服的長度不同，設計樣式也會不同。特別是裙子，根據不同的長度，甚至連它的款式名都會變化，所以，現在裙子的長度已經成為了一個很重要的設計點。

事先的準備

●擺出五大基本姿勢的人體。在本書中的示例有：
（1）第14、15頁：正面直立
（2）第26頁：正面重心位於單腳
（3）第17頁：斜向直立
（4）第31頁左、第32頁左：斜向重心位於單腳，軸心腳位於後方
（5）第34頁左、第35頁左：斜向重心位於單腳，軸心腳位於前方
為了更好的把握住腰部、腿部、膝蓋等各個關節的位置，我們使用的不是裸體像，而是人物像。
●B4尺寸的速寫本
●B以上的鉛筆或者自動筆（如果筆芯太硬的話會劃傷紙張，所以要用B以上的鉛筆。）

描繪方法：女襯衫

Blouses

將輪廓（衣服的整體輪廓）非常清晰的表現出來，同時對體積感與衣服的長度要加以注意。一定不要太在意褶皺等等，要儘量用簡潔的線條描繪。

肩線要根據服裝的厚度加以變化。如果是比較薄的衣服，要離人體比較接近，如果是比較厚的，要與人體離開一點。

不僅僅是襯衫，在描畫所有的上裝的時候，都必須要注意的一點就是"手臂"。因為手臂是四肢中動作幅度最大的一個部分，所以如果不與衣服的身體部分離開一定空間的話，手臂的活動就會受到限制。讓身體部分的兩側有一點點寬鬆的空間是很重要的。

在描繪的時候，一定要注意：在服裝的整體保持平衡的情況下，其領子、口袋或紐扣等等，被配置在何處、被畫成了多大、什麼形狀。

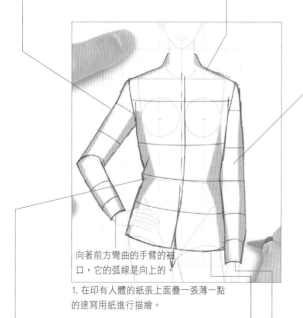

向著前方彎曲的手臂的袖口，它的弧線是向上的。

1. 在印有人體的紙張上面疊一張薄一點的速寫用紙進行描繪。

2. 給服裝加上細節。

只要不是全身緊貼的衣服，就可以給各種地方加上一點寬鬆的空間。這種寬鬆的空間決定著款式的體積感。

下擺的弧線是向下的。因為服裝的下擺是在前方頸部基點的下方，所以它的弧線要向下表現。

即使手臂是伸得筆直，它還是會稍微向前彎曲一點，所以袖口的弧線要向上彎曲。

在容易起褶皺的關節部分，要加上一些"鬆弛感"，以顯出立體感來。

不要忘記袖隆、褶子、領肩這些結構線。

受到了很大的人體張力作用而形成的橫向褶皺。

受到了很大的重力作用而形成的縱向褶皺。

如果重心放在了一隻腳上，那麼腰線將會傾斜，所以邊線也要與之相應的傾斜一點。

3. 加入褶皺，完成草稿。

◎褶皺的種類與分佈——褶皺一共有兩種
1.由於自然界的重力而形成的縱向褶皺（深色箭頭）。在有空間的地方容易形成。
2.由於人對服裝的拉拽力（張力）而形成的橫向褶皺（淺色箭頭）。在關節附近，或者緊貼的部位比較容易形成。
如果能夠平衡配置這兩種褶皺的話，就可以顯出立體感來。

4. 用鋼筆描繪。
用6B左右、顏色比較重的鉛筆將草稿的反面塗滿。然後再在它的下面墊上一張肯特紙（Kent paper），然後用自動鉛筆描一遍，就可以將它複寫下來了。接下來再用繪圖鋼筆將複寫畫描一遍就完成了。另外，還有一種方法（名字叫做"trace"），可以使用照明桌（light table），用燈照著圖畫的反面，直接用鋼筆描下來。使用這種方法的話，也可以使用彩色鉛筆等進行描繪。

比起正面來，背面的寬鬆部分要更多一些。

這些是力的發生點。

縱向褶皺，它受到的重力的影響較大。

除了在肩部、肘部、腰部等關節部分之外，如果在胸部的隆起部分也加上褶皺的話，立體感會更強烈。

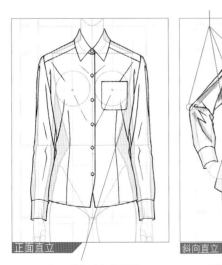

正面直立

斜向直立

斜向重心位於單腳，軸心腳位於後方

斜向重心位於單腳，軸心腳位於前方

但是最好要在上面再加上褶皺的立體感表現。

因為女襯衫屬於貼身穿著的衣服，所以要表現出胸部的隆起，但是為了讓它不要太過緊貼，而使胸部顯得緊繃膨脹，就要加入一點寬鬆感。

橫向褶皺，它受到的人體張力的影響比較大。

如果重心放在了一側的腳上，那麼腰線將會傾斜，所以邊線也要與之相應的傾斜一點。

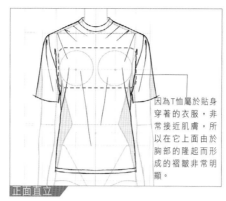
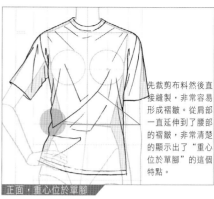

T恤 常規尺碼

正面直立

因為T恤屬於貼身穿著的衣服，非常接近肌膚，所以在它上面由於胸部的隆起而形成的褶皺非常明顯。

正面，重心位於單腳

先裁剪布料然後直接縫製，非常容易形成褶皺。從肩部一直延伸到了腰部的褶皺，非常清楚的顯示出了"重心位於單腳"的這個特點。

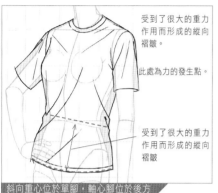
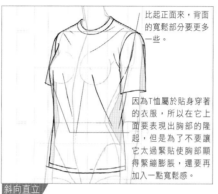

受到了很大的重力作用而形成的縱向褶皺。

此處為力的發生點。

受到了很大的重力作用而形成的縱向褶皺。

斜向重心位於單腳，軸心腳位於後方

比起正面來，背面的寬鬆部分要更多一些。

因為T恤屬於貼身穿著的衣服，所以在它上面要表現出胸部的隆起，但是為了不要讓它太過緊貼使胸部顯得緊繃膨脹，還要再加入一點寬鬆感。

斜向直立

T恤是貼身穿著的衣服，非常接近肌膚，而它的透氣性也很好，寬鬆的地方也非常多。

如果重心放在了一側的腳上，那麼腰線將會傾斜，所以邊線也要與之相應的傾斜一點。

斜向重心位於單腳，軸心腳位於前方

T恤 大號尺碼

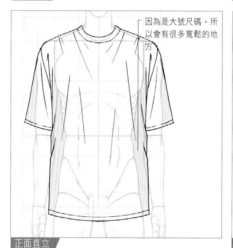
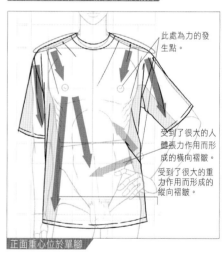

因為是大號尺碼，所以會有很多寬鬆的地方。

正面直立

此處為力的發生點。

受到了很大的人體張力作用而形成的橫向褶皺。

受到了很大的重力作用而形成的縱向褶皺。

正面重心位於單腳

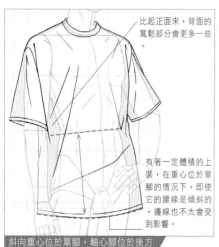
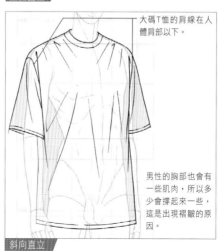
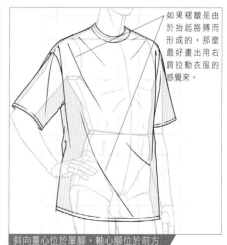

比起正面來，背面的寬鬆部分會更多一些。

有著一定體積的上裝，在重心位於單腳的情況下，即使它的腰線是傾斜的，邊線也不太會受到影響。

斜向重心位於單腳，軸心腳位於後方

大碼T恤的肩線在人體肩部以下。

男性的胸部也會有一些肌肉，所以多少會撐起來一些，這是出現褶皺的原因。

斜向直立

如果褶皺是由於抬起胳膊而形成的，那麼最好畫出用右肩拉動衣服的感覺來。

斜向重心位於單腳，軸心腳位於前方

坦克衫

坦克衫是在肌膚上直接穿著的貼身衣物，它沒有袖子，所以會緊緊貼在身體上面。

正面直立

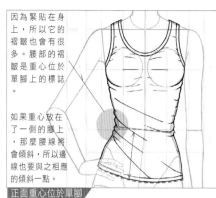

因為緊貼在身上，所以它的褶皺也會有很多。腰部的褶皺是重心位於單腳上的標誌。

如果重心放在了一側的腳上，那麼腰線將會傾斜，所以邊線也要與之相應的傾斜一點。

正面重心位於單腳

在輪廓上非常忠實的顯示出了胸部的圓形線條。

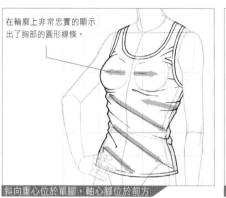

斜向重心位於單腳，軸心腳位於前方

背面沒有什麼寬鬆的地方。

斜向直立

到了很大的人體張力作用而形成的橫向褶皺。

斜向重心位於單腳，軸心腳在後方

夾克

因為夾克屬於外套，所以為了能穿進去內衣，在各個部分都會留出了一點空間。

腰部細束的部分的位置應該比腰線要更靠上一點。

正面直立

因為有墊肩，所以如果揚起胳膊的話，會在肩膀上形成一個隆起。

如果重心放在了一側的腳上，那麼腰線將會傾斜，所以邊線也要與之相應的傾斜一點。因為是外套，所以不要做得太誇張。

正面重心位於單腳

受到了很大的重力作用而形成的縱向褶皺。

受到了很大的人體張力作用而形成的橫向褶皺。

此處為力的發生點。

斜向重心位於單腳，軸心腳在後方

因為是外套，所以前後的寬鬆程度也很大。

斜向直立

如果重心落在單腳上，那麼即使是材料比較厚的夾克，在腰部也會出現皺紋。

由於手臂的動作，身體部分受到牽扯，所以胸部的隆起要適度強調一下。

斜向重心位於單腳，軸心腳位於前方

運動夾克

運動夾克是冬季穿的外套。因為有時要在裏面穿上襯衫或者運動衫，所以裏面有很大的空間。

正面直立

受到了很大的重力作用而形成的縱向褶皺。

受到了很大的人體張力作用而形成的橫向褶皺。

此處為力的發生點。

正面重心位於單腳

在肘關節部分，橫向的褶皺非常明顯。

斜向重心位於單腳，軸心腳位於後方

也要將肩部畫的充分寬鬆。

斜向直立

如果在衣服上有一定的空間的話，那麼即使重心位於單腳，也不會出現很多褶皺。也就是說要讓衣服離開身體到這樣的程度。

斜向重心位於單腳，軸心腳位於前方

74

針織衫

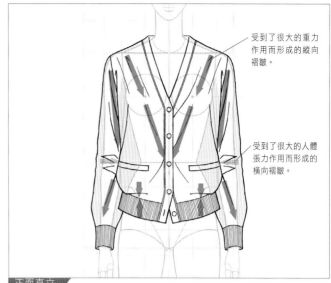

受到了很大的重力作用而形成的縱向褶皺。

受到了很大的人體張力作用而形成的橫向褶皺。

正面直立

因為下擺被鬆緊條收緊了，所以會形成鬆弛下垂的地方。）

如果重心放在了一側的腳上，那麼腰線將會傾斜，所以邊線也要與之相應的傾斜一點。

正面重心位於單腳

因為下面的紐扣沒有扣上，所以會形成一個V字形的打開。這樣的話，腰部的膨大部分就被表現得十分有立體感。

斜向直立

針織衫的特徵就是柔軟易變形，所以要少用直線，將它描繪得比較圓潤。

斜向重心位於單腳，軸心腳位於前方

因為袖口也是用鬆緊條做的，所以在這裏也會形成鬆弛下垂。

斜向重心位於單腳，軸心腳位於後方

大衣

大衣是在外套中最具有體積感的款式，讓我們來給它加入充分的寬鬆感。

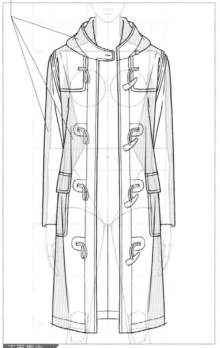

將前領翻轉過來的狀態。要將連衣帽子畫得有立體感是很難的。請大家觀察一下影像資料中或者手頭的實物。

正面直立

正面重心位於單腳

受到了很大的重力作用而形成的縱向褶皺。

受到了很大的人體張力作用而形成的橫向褶皺。

因為身體部分具有一定的體積，所以從袖窿到袖子的線條會被身體遮蓋。

因為體積很大的專案，其受到的重力也很大，所以縱向的褶皺很明顯。

斜向重心位於單腳，軸心腳位於後方

斜向直立

斜向重心位於單腳，軸心腳在前方

此處為力的發生點

因為寬鬆的空間很大，所以胸部的隆起並不明顯。

如果重心放在了一側的腳上，那麼腰線將會傾斜，所以邊線也要與之相應的傾斜一點。又因為它是外套，所以不要畫得太誇張。有一定體積的上裝，在重心位於單腳的情況下，即使腰線是傾斜的邊線也不太會受到影響。

馬甲

雖然它沒有袖子，但是有
必要添加上在裏面穿著襯
衫的空間，所以不要畫成
像坦克衫那麼緊貼著。

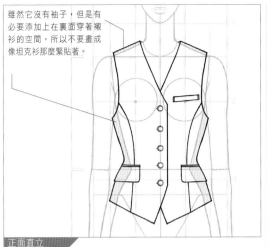

正面直立

背面有一些寬鬆的地
方。

斜向直立

連衣裙

裙子的部分，由於
重心落在了單腳上
，所以向軸心腳一
側被牽扯。

如果重心放在了另一
側的腳上，那麼腰
線將會傾斜，所以
邊線也要與之相應
的傾斜一點。

正面重心位於單腳

受到了很大的人體
張力作用而形成的
橫向褶皺。

此處為力的發生
點。

受到了很大的
重力作用而形
成的縱向褶皺
。

斜向，重心位於單腳，軸心腳位於後方

迷你
緊身裙

裙子類的名稱，直接就體現出了其長度與
體積感的不同，所以我們在描畫的時候，
要充分意識到這兩點。
○體積感的不同：緊身裙、A字裙、荷葉
裙等等。
○長度的不同：迷你裙、及膝裙、長裙等
等。

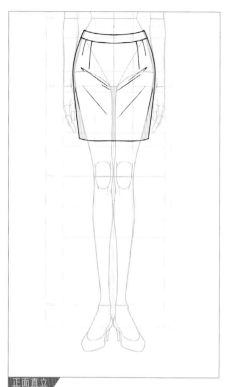

裙子受到了從軸心腳的腰部朝向非軸心腳
的下擺方向的牽拽力，描畫褶皺時，要將
這一點畫得足夠明顯。

正面直立

正面重心位於單腳

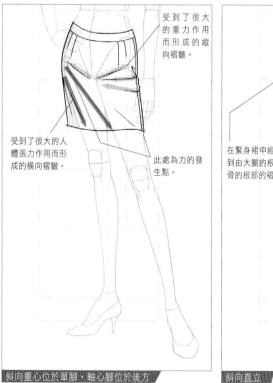

受到了很大
的重力作用
而形成的縱
向褶皺。

受到了很大的人
體張力作用而形
成的橫向褶皺。

此處為力的發
生點。

斜向重心位於單腳，軸心腳位於後方

在緊身裙中經常可以看
到由大腿的根部到大腿
骨的根部的褶皺

斜向直立

如果重心位於單腳
，並且身體是傾斜
的，那麼整個款式
也會發生傾斜，同
時裙子的腰帶也要
傾斜。

因為裙子是穿在腰
部的衣物，所以比
起上衣來，它更容
易受到腰部的動作
的影響。

在軸心腳一側
形成了空隙。

裙子的下擺與腰線向同一
方向傾斜。

斜向重心位於單腳，軸心腳位於前方

緊身裙
（長裙）

雖然它的名字叫做緊身裙，可是如果是長裙的話，考慮到走路時的腿部的動作，下擺部分要做得比較寬鬆。然而僅僅是這樣的話還是不能自如的走路，所以要在側面或者後面開衩。

如果重心放在單腳上的話，腰部就會變得傾斜，而且款式也會發生傾斜，同時裙子的腰帶也會傾斜。

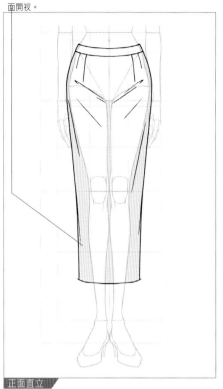

正面直立

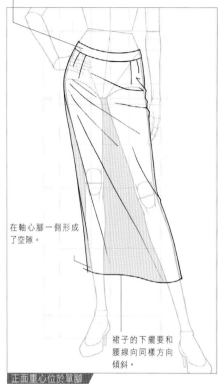

在軸心腳一側形成了空隙。

裙子的下擺要和腰線向同樣方向傾斜。

正面重心位於單腳

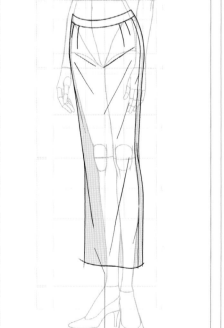

斜向重心位於單腳，軸心腳位於後方

即使是緊身裙，因為它的長度很長，所以比較重，所以在上面可以常常見到由於重力而出現的向下的褶皺。

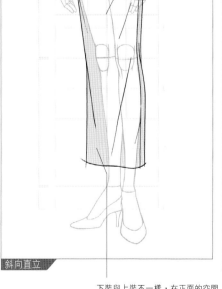

斜向直立

下裝與上裝不一樣，在正面的空間要多一些。這是因為，腿部如果從側面看的話，是一個由膝蓋處突然彎折的S字形。（參照第16頁）

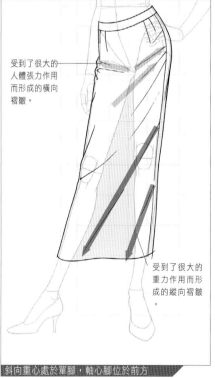

受到了很大的人體張力作用而形成的橫向褶皺。

受到了很大的重力作用而形成的縱向褶皺。

斜向重心處於單腳，軸心腳位於前方

受到了很大的重力作用而形成的縱向褶皺。

因為裙子屬於一種在腰部繫緊固定的，所以腰圍部分要緊貼，從臀線附近打開。

在軸心腳一側形成空隙。

如果重心放在單腳上的話，腰部就會變得傾斜，而且也會傾斜，同時裙子的腰帶也會傾斜。

正面直立

裙子的下擺與腰線向同一個方向傾斜。

正面重心位於單腳

從軸心腳的腰部開始向非軸心腳的下擺形成褶皺。

正面重心位於單腳

因為荷葉裙分量比較重，會形成向下收縮的趨勢，所以有很多因為重力而產生的褶皺。

斜向重心位於單腳，軸心腳位於後方

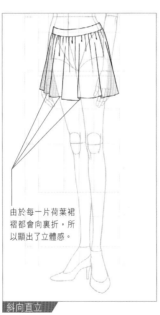

由於每一片荷葉裙褶都會向裏折，所以顯出了立體感。

斜向直立

百褶裙的特徵是折褶，同荷葉裙一樣，它的重量比較大

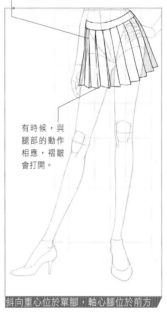

有時候，與腿部的動作相應，褶皺會打開。

斜向重心位於單腳，軸心腳位於前方

在布料重疊的部分要畫出層次的差別來。

斜向直立

因為裙子屬於一種在腰部緊緊固定的專案，所以腰圍部分要緊貼，從臀線附近打開。

注意要讓百褶裙的每條褶皺的寬度均等。

荷葉裙
與
百褶裙

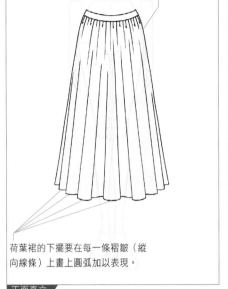

荷葉裙的下擺要在每一條褶皺（縱向線條）上畫上圓弧加以表現。

正面直立

正面重心位於單腳

下裝與上裝不一樣，在正面的空間要多一些。這是因為，腿部如果從側面看的話，是一個由膝蓋處突然彎折的S字形。

受到了很大的人體張力作用而形成的橫向褶皺。

受到了很大的重力作用而形成的縱向褶皺。

斜向重心位於單腳，軸心腳位於後方

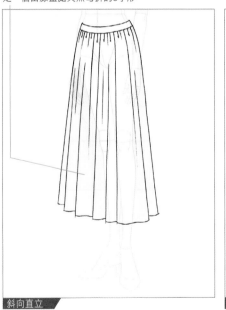

斜向直立

朝向後方的褶皺，其間隔會變小。

斜向重心位於單腳，軸心腳位於前方。

因為褲子屬於一種在腰部繫緊固定的，所以腰圍部分要緊貼。

在關節處容易形成褶皺。

受到了很大的重力作用而形成的縱向褶皺。

受到了很大的人體張力作用而形成的橫向褶皺。

此處為力的發生點。

褲子
（緊身）

因為緊貼著人體，所以上面有很多由於人體的張力而形成的橫向褶皺。

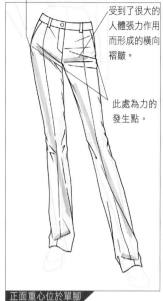

正面直立

正面重心位於單腳

正面直立

如果張開雙腿的話，與此動作相應的，褶皺也會增加。

非重心腿的根部。張開腿的話，將以此為起點形成皺紋。

在褲子的下擺處添加一點緩衝感，通過這種手法，可以表現出一種立體感。

非重心腿的根部的褶皺很重要。腰部與腿部的分界線要畫得清楚一點。

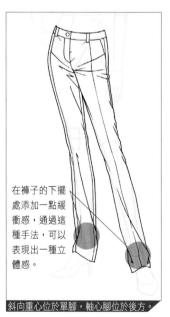
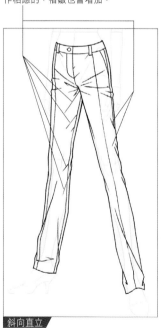
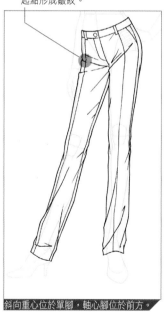
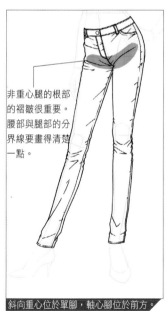

斜向重心位於單腳，軸心腳位於後方。

斜向直立

斜向重心位於單腳，軸心腳位於前方。

斜向重心位於單腳，軸心腳位於前方。

褲子（喇叭筒） 在描畫腳腕處的那種鬆弛樣子的時候，不要只將喇叭筒畫成一味擴張的樣子，要畫成似乎在半途中突然收回的樣子。

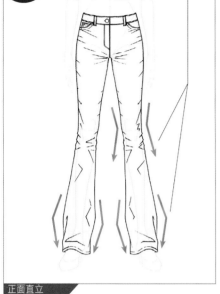

正面直立

褲子（套靴褲） 非常的寬鬆，由於重力而產生的縱向褶皺非常明顯。

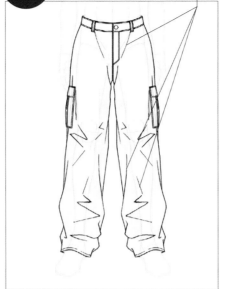

正面直立

褲子（肥腿褲） 男子的褲子多將兩腿之間做得很寬鬆，這是因為考慮到了不能將男性的性器官箍得太緊的緣故。

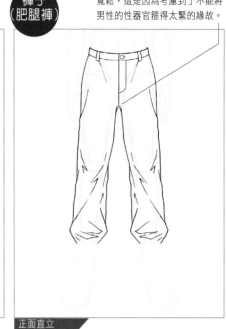

正面直立

由於褲子上到膝蓋上方為止的部分非常的緊貼，所以由於張力而形成了橫向的褶皺。而膝蓋以下由於非常地寬鬆，所以由於重力而形成了縱向的褶皺。

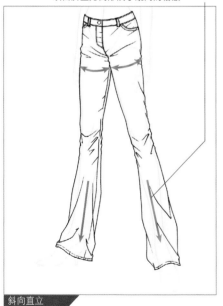

斜向直立

男子的褲子由於兩腿之間非常寬鬆，所以與左側的女性比較起來腿顯得比較短一些。

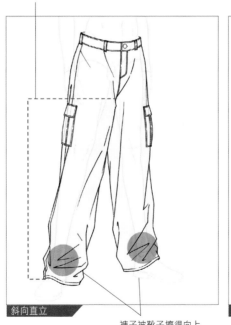

斜向直立

褲子被靴子擠得向上錯了一些，所以形成了鬆弛的地方。

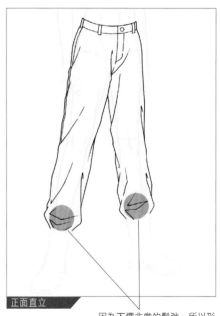

正面直立

因為下擺非常的鬆弛，所以形成了橫向的褶皺。

[2]上色
（1）顏色的構成

■CMYK

使用繪畫材料，可以在紙面上表現出1000萬種以上的顏色，所有的這些顏色都是由C（cyan，帶點綠色的藍色），M（magenta，紫紅色），Y（yellow，黃色）再加上K（black，黑色）這四種顏色組合配製出來的。這與一般的噴墨式彩色印表機中的墨水的組合是同樣的。

●有彩色：

在CMYK中，C（cyan，帶點綠色的藍色），M（magenta，紅紫色），Y（yellow，黃色）叫做有彩色，擁有"色相（顏色的配合）"、"明度（明亮的程度）"、"彩度（色彩的鮮豔程度）"這三種屬性，是最基本的顏色，所以它們被稱為"色料的三原色"。
（色料：指在上色的時候混合的染料或者顏料。）

●無彩色：

在CMYK中，K（black，黑色）被稱為無彩色，它沒有彩色的特徵，只有明度這一個屬性。也就是所謂的"單色調"。
減法混色：如果在"純白的紙張"上用色料上色的話，發生光反射的顏色將顯出色彩。另外，如果將CMY的三原色全部均等的混合的話，將得到黑色。因為使用色料的混色，越是將顏色混合的話，它就變得越暗淡（沒有光線的狀態=黑色），所以被稱為"減法混色"。

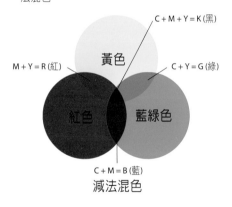

M＋Y＝R（紅）
黃色
C＋M＋Y＝K（黑）
C＋Y＝G（綠）
紅色
藍綠色
C＋M＝B（藍）

減法混色

與色料相對，光的顏色被稱為"色光"，是由R（紅色）、G（綠色）、B（藍色）組合構成的。顯示器或者電視的螢幕雖然發光，但是那是因為直接照射RGB的色光才會顯示出顏色。如果將RGB全部混合的話就成為了白色。因顏色光是從"漆黑昏暗"狀態開始向上面添加顏色的，所以被稱為"加法混色"。RGB與CMYK可以表現出的顏色的範圍是有差別的，其中RGB可以表現的色數遠遠多於CMYK。
在我們的眼睛上，有一種可以對各種各樣波長的光線產生反應的感知器，這種視覺系統能夠將可見光非常高效地分解為R、G、B的三原色。顏色會根據進入眼睛的紅、綠、藍的反射光的比例而發生變化。黑色是反射光不能進入眼睛時的完全黑暗的狀態。反過來說，當R、G、B的反射光均等地進入眼睛的時候，它們將被識別為白色。

■色彩體系（color system）

比較系統的表達色彩的方法有好幾種，其中具有代表性的有曼塞爾色彩體系（the Munsell color system）（1905年），奧斯特瓦爾德色彩體系（the Ostwald color system）（1920年），XYZ色彩體系（the XYZ color system）（1931年），NCS（the natural color system），PCCS（日本色研配色體系）等等。

■色相

色相環：它指的是一個環，在其中排列了在彩虹中存在的五種為色（紅、黃、綠、青、紫，在日本還要再加上橙和藍色共有七種顏色。），表現它們的相互關係。
據說對顏色的喜好與氣候有關係，在炎熱的地區人們喜歡原色，在寒冷的地域則有喜好灰色成分比較重、彩度比較低的顏色的傾向。這幾十年來，在時裝中應用到的顏色一下子增加了很多很多，出現這種現象，也應該就是因為現在的時裝，已經不像過去那樣一味傾向於歐洲，而是來自于各國的設計師，而這些設計師，是成長在各種各樣的國家中、各種各樣的氣候條件下的。

■明度與彩度

暖色：R、YR、Y 正對的兩種顏色互等等紅色系的色 為"互補色"，如相。它表現出一 果將它們混合的話種溫暖感、柔和 就會得到黑色。感與跳動感。

位於三角形的頂點上（黃色）、BG（藍綠，即cyan）、RP（紫色，即magenta），是料的三原色。

有的時候也會把YR記作O（orange）。
有的時候也會把P記作V（violet）。

冷色：B、BG 藍色系的色相現出一種寒冷硬感與穩重感

色相環
Y: 黃色(yellow), G: 綠色(green), B:藍色(blue),P: 紫色(purple), R:紅色(rdd)

明度		彩度
W	白色	
淺灰	8.5	蒼白色調 淺色色調
	7.5	淺灰色調 明亮色調
中灰	6.5	
	4.5	灰色色調 柔和色調 蒼白色調
深灰	3.5	生動色調 深色色調
	2.4	深灰色調 灰暗色調
B	黑色	

1s　3s　5s　7s　9s
彩度

明度
彩度
色向環
三種屬性的關聯

■服飾基本色

所謂服飾基本色，就是不管男女老少，被大多數人喜愛的顏色。在時裝設計上的配色，並不是像圖形設計那樣，什麼顏色都可以使用，它終究還是要追求以膚色為基調的配色方法的。

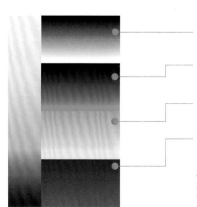

無彩色（單色調）：無彩色可以襯托出有彩色的肌膚的水分感與紅潤感。不只可以在各種慶吊儀式上面穿著，而且也不分季節的差別，得到了廣泛的應用。
深藍（藍）：差不多是膚色的輔助色，所以是一種很有起伏變化感的配色。洋裝中有牛仔裝、製服等，和服中有藍染和服等等，不管是和服還是洋裝，都應用到了這種顏色，適用範圍十分廣泛。
米色（象牙色）：因為它是膚色的類似色，所以可以產生協調感與融合感。因為它屬於暖色系，所以會產生一種柔和的印象。
茶色系：這種色系的對比度強，很有起伏感，同時看上去又很柔和，感覺很親切。給人的感覺是既雅緻又不失沈穩。
服飾基本色的特徵就是，它們都是使用白色或者黑色配成的。請大家在給服裝上顏色的時候，不要直接拿來就用顏料管中裝的顏色，而要稍微花點功夫將白色或者黑色摻雜進去少許，只這麼一招，就可以使其肌膚變得格外協調，請大家一定要嘗試一下。

(2)上色畫具

鉛筆：
使用方便的傳統畫材，用B-2B較軟的為佳。F和H等比較淺的鉛筆因為筆心偏硬，所以並不推薦使用。B、F是標記鉛筆深淺及硬度等級的標號。B就是black(黑)，H是hard(堅硬)，H後面的數字值越高筆心就越硬，顏色也相對更淺。而B後跟的數字值越高，筆心就越軟，顏色也相對更深。F就是firm(堅固)介於H和B之間。

彩色鉛筆：

彩色粉筆（粉末狀彩色鉛筆）：因為它的筆芯呈粉末狀，所以主要用來描繪出腮紅、眼影、冬裝的布料的材料感等等。照片中的是達文特彩色鉛筆，據說皮特拉比特和斯諾曼也使用這種彩色鉛筆作畫。

油性彩色鉛筆：
因為在它的顏料中加入了蠟，所以具有防水性能。它的特徵是能夠顯現出非常鮮明的顏色，其中油性成分比較少的彩色鉛筆可以比較自由的重疊塗畫或者混合顏色，使用起來比較簡單。比較適合於表現布料的質感、陰影或者化妝等等比較細緻的表現。照片中的是貝洛爾伊戈爾彩色鉛筆(普利茲馬彩色鉛筆)。思特多拉或者斯塔畢羅等廠商也生產了幾種水彩色鉛筆，用水溶解的話就會變成水彩畫的筆觸，現出的色彩比較淡薄。

丙烯顏料：
它不僅僅可以在紙面上，在石頭、玻璃、鐵的上面也可以繪畫，如果晾乾了的話就可以防水。丙烯顏料可以根據溶解顏料的水量的多少，而顯現出不同的效果，既可以有透明水彩那樣的淡色調，又可以有接近油畫顏料的厚重感覺。在各公司生產出了各種各樣的水彩，阿庫裏爾加西的水彩是不透明的，利鐵酷斯是半透明的，阿庫里拉是透明到半透明的水彩。照片中的是利鐵酷斯水彩的軟型。

不透明水彩顏料：
因為它不會讓底層的顏色透過來，所以非常適用於重疊上色、繪製格子等花紋，另外，在用透明水彩上深色（黑或者藏青等）的時候很容易出現不均勻，可以用不透明水彩塗型。廣告色也是不透明水彩顏料中的一種。相片中的尼卡設計者用水彩中還包括了金色與銀色。

透明水彩顏料：
因為它可以將底層透過來，所以非常適合用於表現出柔和感的素材、比較薄而透明的素材以及皮膚的透明感。如果這種顏料先塗上色，等到乾燥了之後再在上面塗上不同的顏色，那麼就會創造出一種有深度的顏色，其中下面塗的顏色與重疊塗上去的顏色相互協調，非常美麗。透明描繪法是一種主要的方法，它基本上不使用白色，而是通過大量的水將顏料沖淡，再重疊著塗上去，以製造出濃淡的效果。但是也可以在透明描繪中使用白色。在這種方法中，要減少與顏料混合的水量，而是用白色將顏料沖淡。照片中的是赫爾貝因透明水彩顏料。

修改膠帶：
如果用修改膠帶貼的話基本上是看不出來痕跡的，因為其表面做了去光澤處理，所以即使複印、列印也不會現出陰影來。還可以在膠帶上面描畫，十分方便。（在相片中的膠帶被放在了專用的膠帶盒（dispenser）中）

羽毛刷：
可以將留在紙面上的橡皮的渣兒或者小的污漬、灰塵等等擦得很乾淨。

調色板：
如果有十個左右的調色板的話，那畫的時候就比較方便了。

毛筆：
將筆頭的毛比較長的面相筆、臉譜筆與平筆（塗色筆）一起使用。最開始使用的時候，如果筆頭上蘸上了清水或者溫水，那麼最後一定要反復的擦拭，一直到筆頭中沒有了顏料的粘度為止。

墨水盂：
分成三層的墨水盂比較好用。一個用來潤筆，另一個用來涮筆，還有一個將水作為一種無色透明的顏料使用。

夾子：
在畫草稿或者即將完成前收尾的時候，用來固定紙張。也可以使用保護膠帶。

設計用粘合劑：
因為它屬於一種噴霧式的漿糊，所以不會形成分布不均勻的部分，並且更可以反復在粘貼後剝離下來。用於樣式圖、專案圖等的剪切粘貼操作，十分方便。相片中的是3M型的設計用粘合劑。

定型劑：
用來給彩色粉筆或者鉛筆的粉末定型。噴霧狀。相片中的是.Too的設計用定型劑。

繪圖筆：
經常用來給樣式圖或者款式圖描線條。有各種各樣的粗細尺寸，經常使用的是0.05毫米到0.8毫米的型號。相片中的是派羅特繪圖筆與皮戈曼格拉菲克繪圖筆。

彩色圓珠筆：
最近的彩色圓珠筆顏色非常豐富，有很多可以在顏料上面直接塗畫。用於畫縱向條紋、格子、細小的手勢等等，主要使用的是白色、金色、銀色這幾種顏色。照片中的是尤尼圓珠筆。

繪畫用紙：
因為表面非常粗糙，所以比較適合透明水彩顏料或者彩色鉛筆等等。因為主要是價格非常便宜所以初學者用起來很容易。根據繪畫材料或者表現方法的不同，分為不同的厚度使用（特厚、厚、普通）。阿波羅、繆斯、馬爾曼等等廠商生產了各種各樣的繪畫用紙。並且阿波羅、瓦特森、繆斯等廠商還生產水彩專用的水彩用紙。

肯特紙：
這是在描繪設計圖時最常用的紙張。表面非常光滑，適用於很多種的繪畫材料。各個公司生產出了很多很多種肯特紙，有KMK肯特、BB肯特、巴倫肯特、AF肯特、艾弗裏肯特、阿波羅肯特、紐肯特、懷特比奇肯特、馬爾曼肯特、羅路肯特等等。照片中的是KMK肯特。

寫生畫本：
因為它比較適合於鉛筆繪畫，所以經常用來做草稿本。照片中的是繆斯出品的白色寫生畫本。

酒精性麥克筆：
其特徵就是顯示顏色效果很好，並且具有速幹性。但是必須注意如果塗畫面積很大的話容易造成顏色不均勻，它的色彩種類也很多，可以非常方便的使用。因為它的透明度很高，所以下面的背景會透過來。又因為它不能溶解調色劑，所以要在複寫完的作品上面才能塗畫。

水性麥克筆：
因為水性的筆非常容易形成色彩不均，所以僅僅適合於描繪比較細小的部分（眼睛、嘴唇、首飾、直線花紋：格子、橫條紋、豎條紋等等）。照片中的是奴貝爾設計用記號筆。

顯色表

表中統計的是上層塗色（重疊塗色）時，繪畫材料的相互作用。○表示能夠顯出理想的色彩效果，△表示根據具體情況有所不同，X表示不能夠顯出理想的色彩效果。從表格中可以看出，透明、不透明水彩、記號筆比較適合於底色；麥克筆、彩色粉筆、鋼筆類等等比較適合於上層塗色。上層塗色。

底色 ＼ 上層塗色	透明水彩	不透明水彩	酒精性麥克筆	水性麥克筆	彩色鉛筆	彩色粉筆	彩色圓珠筆	繪圖筆
透明水彩	△ 如果是比底色更淺的顏色則為X	○	△ 如果是比底色更淺的顏色則為X	△ 如果是比底色更淺的顏色則為X	○	○	○	○
不透明水彩	X	○	△ 如果是比底色更淺的顏色則為X	△ 如果是比底色更淺的顏色則為X	○	○	○	○
酒精性記號筆	△ 如果是比底色更淺的顏色則為X	○	△ 如果是比底色更淺的顏色則為X	△ 如果是比底色更淺的顏色則為X	○	○	○	○
水性記號筆	X 底色會溶解。	○	△ 如果是比底色更淺的顏色則為X	△ 如果是比底色更淺的顏色則為X	○	○	○	○
彩色鉛筆	△ 如果是水彩彩色鉛筆的話會發洇	○	X 兩種墨水不相容	△ 如果比底色更淺的顏色則為X	○	○	△ 有的時候會發生排斥	○
彩色粉筆	X 粉末會發生溶解	X 粉末會發生溶解	X 粉末會發生溶解	X 粉末會發生溶解	○	○	△ 有的時候會發生排斥	○
彩色圓珠筆	X 墨水會溶解	○	○	△ 有時候墨水會發洇				
繪圖筆	○	○	○	○	○	○	○	○

（3）上色方法

基本的上色要使用顏料與麥克筆。輔助工具為彩色鉛筆與鋼筆。

用顏料上色

◆ 調色

我們來進行一下練習，練習的目的是能夠使用四原色：C（cyan），M（magenta），Y（yellow）、K（黑色，有些時候也會用到白色），製作出全部的顏色。

1. 在照片中使用的繪畫材料為尼卡設計者用水彩。因為它是不透明的水彩，所以很少出現色彩不均勻的情況。將顏料從管子中擠出來，以小指的指甲大小為宜。如果再混合一些黑色或者白色的話，那麼就可以作衣服的顏色，可以很好的配合肌膚的顏色。因為只用原色的配色會失去真實感，所以請大家注意。

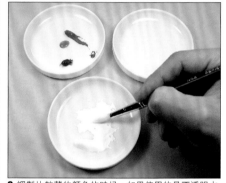

2. 調製比較薄的顏色的時候，如果使用的是不透明水彩，那麼可以將白色作為底色，然後再向其中一點點地加入三原色進行調色，這樣的話就不會浪費白色的顏料了。（例）薩克斯藍：按照由藍到紅的順序向白色的底色中加入顏色。如果使用的是透明水彩，那就基本上不使用白色，而是通過大量的水將顏料沖淡，再重疊著塗上去，以此製造出濃淡的效果。

3. 用水將顏料沖淡至"乳液狀"左右的狀態。因為把顏色完全的混合這一點非常重要，所以要用比較粗的毛筆充分的攪拌。因為往這種顏料中加入的顏色越多，顏色就越混濁（減法混色：參見第84頁），所以要想調配出鮮豔的顏色的話，加入的顏色種類只到兩種為止。

4. 如果配出了自己所想要的顏色，還要在別的紙張上面試著塗塗看。這個時候一定要搞清楚乾燥狀態下的顏色是怎麼樣的。因為在調色板中的液狀顏料看起來會有一點淡，所以要注意。

5. 因為墨水盃被分成了三層，所以要一個用來潤筆，另一個用來涮筆，還有一個把水用來當溶劑，要分開來用。如果將水盛滿的話，很容易溢出來，所以要以三分之二處為基準加水。

◆ 全面塗抹

這是塗色的基本方法。訓練一種均勻的、形成平面的塗抹技巧。

1.塗的時候要在調色盤的邊緣將水分充分的擠掉。

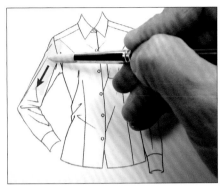

2.沿著紋理塗色。為了讓水分能夠浸透到紙裏，要輕輕的慢慢的塗上去。如果能夠把每個部件圈成一個範圍，各自分開來塗色的話，就不容易出現不均衡的現象。這個時候，在全部塗完之前，一定不能將毛筆從畫面上拿開。描的筆數越多，不均勻的地方也就越多。

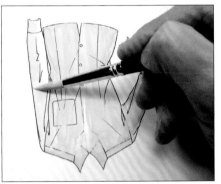

3.對於比較大的面積，要將毛筆放倒，比較小的面積要將毛筆站立起來塗色。為了讓塗色變得容易，最好試著將毛筆朝向各種方向。

4.為了讓紙面不被水淹，要調節一下水分的量。最簡單的方法就是用面巾紙擦掉水分。

5.顏料乾燥之後進入第二次塗色。（使用廣告色塗三次的話肯定不會有不均衡的地方。）

6.像這樣顏色塗得越出圈來了也不用慌張。

7.用只蘸了水的毛筆將顏料浮出來。

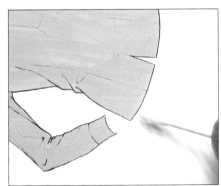

8.用棉棒擦拭掉。

◆陰影

這是塗色的基本方法。訓練一種均勻的、形成平面的塗抹技巧。

光

1.參照光線的方向，在相反的方向給每一個部分加上陰影。圖中設定的是右側向光，所以陰影要沿著各個部分的左側的輪廓線。我使用的是麥克筆中的灰色筆添加的陰影。一定記住要使用比底色更濃的顏色來加陰影。基本上只要沿著應該成為陰影的輪廓線（藍色的線）把影子加上就差不多可以了。然後將領子、身體部分、袖子這樣的部件部分加上陰影。如果已經做的很嫻熟的話，那麼就描出褶皺來，將陰影添加得更加有立體感。

2.用彩色鉛筆給陰影塗上顏色。如果是紅、黃色系的話就用茶色，如果是藍、綠色系的話就用藏青色。至於那些無法判斷出種類的比較微妙的顏色，最好選擇比底色更加濃一點的灰色或者直接用黑色就好了。陰影要使用彩色鉛筆的筆腹部（筆芯的側面）輕輕的加上。

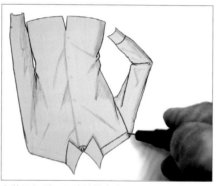

3.用棉棒將彩色鉛筆的色彩柔和化，與畫面協調。

4.將已經看不見的線描出來。在顏料上面線條會變得更粗，所以要注意。

5.用白色的圓珠筆給扣子也加上顏色

◆輪廓線的強弱

6.為了強調立體感，要給輪廓線加上強弱效果。在影子部分、部件的分界線（領子與身體部分、扣線等等）、比較深的褶皺（彎曲的手臂或者是重心腳一側的腰部等）、用力的部分（彎曲的手臂）這些地方，毛筆的壓力要強一些，畫出粗線條來。反過來在受光的部分、比較淺的褶皺（伸直的手臂或者身體）、沒有用力的部分等等，要減輕毛筆的壓力，畫出比較輕快的線條來。

7.使用彩色鉛筆的時候，比較容易發生滑脫，所以要用定型劑將其固定。使用它的技巧就是要離開20cm左右迅速的噴塗上去。

8.完成。

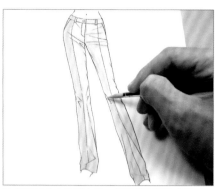

◆重疊塗色

這是一種用水將顏料沖淡，然後再沿著影子的方向重疊塗色數層以添加上陰影的技巧，這種塗色方法是透明水彩顏料的一個長項。

光

面光-側

成影-側

1.首先將光線設定為右側或者左側的斜上方。決定了光線的方向之後，用足量的水將顏料充分打薄，沿著影子的方向重疊塗上顏料。塗第一遍的時候水分會快速的被紙張吸收，很容易形成不均衡的地方，所以將顏料打薄比較好。即使是製作泛白的蒼白色調也不必使用白色。只要控制水量來調出濃淡來就可以了。

2.在陰影方向重疊上色，通過濃淡變化調出立體感。將右腳、左腳分別加上明暗效果。

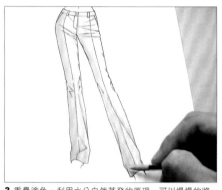

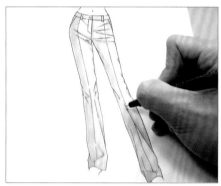

3.重疊塗色。利用水分自然蒸發的原理，可以慢慢的將顏色加深，再塗上去。如果只有水分而不出現陰影的話，可以加上黑色將顏色自身變濃一些。如果過度的重疊上色的話，可以用只蘸了水的毛筆將紙面打濕然後用面巾紙或者棉棒擦拭掉。趁還沒有乾的時候再用毛筆將紙面弄平。但是這是用透明水彩時使用的手法。如果用乾燥時便不會掉色的丙烯顏料的時候就不能使用此手法。如果更進一步希望一點有起伏效果的時候，可以使用彩色鉛筆或者麥克筆來加上陰影完成塗色。

4.描出剛才線條變淡的細節部分。

5.為了強調立體感，要給輪廓線加上強弱。在影子部分、部件的分界線（扣線等等）、比較深的褶皺（大腿部分）、用力的部分（軸心腳）這些地方，毛筆的壓力要強一些，畫出粗線條來。反過來在著光的部分、比較淺的褶皺（腳腕）、沒有用力的部分（非重心腳）等等，要減輕毛筆的壓力，畫出比較輕快的線條來。

6.用定型劑將線條固定住。

7.完成

◆留空塗色

這種方法並不是要全面地進行塗抹，而是要將向光的一側留下白色的空隙進行塗色。這種塗色方法是透明水彩顏料的一個長項。

1.所有的顏色都是由C（cyan），M（magenta），Y（yellow）這三原色再加上無彩色的K（black）這四種顏色組成的。所以我們就來進行只用這四種顏色來配色的訓練。

2.比較濃的顏色要以三原色為基色，一點一點加上黑色來調濃。如果是藏青色，就要先用藍色加上紅色，先調出藍紫色的基色，然後再加上黑色一邊調出藏青色來。

3.水的分量是非常重要的。如果太少的話最後畫像將會變成油畫那樣的濃豔感覺，所以要用吸管等等將水加充足。

4.首先試塗一下，確認一下顏色。在調色板上含有水分的顏色與在紙上的乾燥顏色是不同的，所以一定要先塗到紙上觀察一下，這是使一個人的配色技巧進步的重要訣竅。

5.將光線的方向設定為右側或者左側，將袖子、身體部分等等每個部件中各自的向光一側留下少許白色空間再上色。如果能夠避開細節的線條上色的話那就更好了。圖中的光線設定為紙的右側。

6.我在右邊五分之一左右的地方沒有塗顏色，只是留下了白色的空隙。即使在一些地方出現了不均勻的部分也不去理睬它，而是放置不動。等到乾燥了之後再重疊塗一遍。

7.在顏料中摻入黑色調出陰影部分的顏色。

8.陰影要在光的方向的另一側。

9.柔和化。用只蘸了水的毛筆，一邊溶解顏料，一邊將塗色的邊緣展開。

10.描出已經看不見的線條。如果服裝的顏色比較暗的話，那麼就用白色的鉛筆或者白色的圓珠筆描繪出來。

11.完成。如果更進一步想要加上起伏效果的話，那麼也可以用彩色鉛筆或者麥克筆加上陰影。

使用麥克筆的上色

麥克筆的顏色很豐富，顯色性也很好，還具有速乾性，所以是一種非常便於使用的繪畫材料。然而如果不具備一定數量的麥克筆的話，使起來也不太方便，可是一支筆要300日元左右，這樣的話，要集齊很多支是很花錢的事情。為了有效率的集備麥克筆，要從經常使用的肌膚色的或者灰色的麥克筆開始收集起。然後最好就是從三原色（CMY）及其漸變色開始收集了。

◆COB'C Sketch麥克筆的集備方法

```
┌─ 第一階段：肌膚色系 ─┐        ┌─ 第二階段：灰色系 ─┐
  肌膚色：E00，YR00            中性灰色（一般的灰色）：N1，N3，N5，N7
  肌膚色的陰影：E13            黑色：110
  肌膚色系的灰色：W1，W3，W5，W7   混合性溶劑
                              （相當於在水彩顏料中的水的作用）：0
```

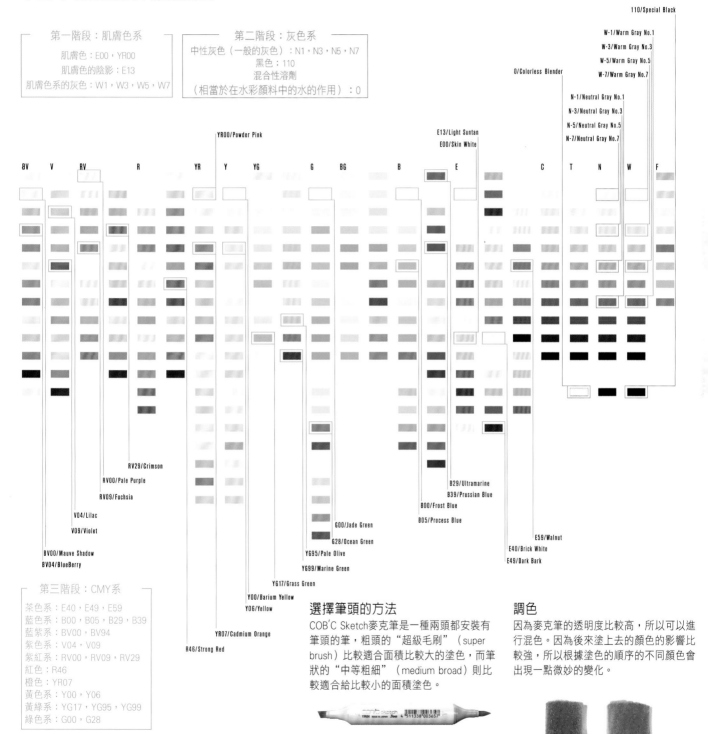

```
┌─ 第三階段：CMY系 ─┐
  茶色系：E40，E49，E59
  藍色系：B00，B05，B29，B39
  藍紫系：BV00，BV94
  紫色系：V04，V09
  紫紅系：RV00，RV09，RV29
  紅色系：R46
  橙色：YR07
  黃色系：Y00，Y06
  黃綠系：YG17，YG95，YG99
  綠色系：G00，G28
```

選擇筆頭的方法

COB'C Sketch麥克筆是一種兩頭都安裝有筆頭的筆，粗頭的"超級毛刷"（super brush）比較適合面積比較大的塗色，而筆狀的"中等粗細"（medium broad）則比較適合給比較小的面積塗色。

超級毛刷　　　　中等粗細

調色

因為麥克筆的透明度比較高，所以可以進行混色。因為後來塗上去的顏色的影響比較強，所以根據塗色的順序的不同顏色會出現一點微妙的變化。

紅＋藍＝藍紫　　藍＋紅＝紫紅

◆ 全面塗抹

這是塗色的基本方法。訓練一種均勻的、形成平面的塗抹技巧。

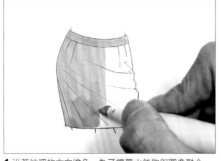
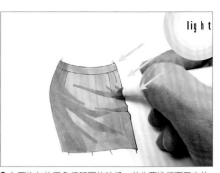

1. 沿著紋理的方向塗色，為了讓墨水能夠與圖像融合，要輕輕的並且慢慢的塗色。如果是比較大的面積的話，就將筆放倒，如果是比較小的面積的話，就將筆直立起來塗色。如果是分成一個個的小範圍塗色，並且避開線條塗的話，固然很好，但是更重要的是塗色時在全部都結束之前一定不要將畫筆從畫面上移開。在照片中，腰帶部分與身體部分是分開來塗色的。

2. 在不均勻的現象很明顯的時候，首先要進行兩三次的全面塗抹，在一定程度上消滅了不均勻的地方的時候，再進行陰影的添加。添加陰影時要選擇比剛才上色時用過的筆更加深一點的麥克筆，加入陰影（立體感）。如果沒有顏色更深一點的筆的話，用同一種顏色來回塗色數次也可以加上一定程度的陰影效果。

3. 然後再進一步用灰色的麥克筆加入陰影。COB'C Sketch 的灰色麥克筆有四種之多，所以可以選擇與底色相適的顏色。

4. 再次塗一遍底色使其變得協調。

5. 完成

◆ 重疊留空塗色

· 這是將在顏料一節中學習到的 "重疊塗色" 與 "留空塗色" 結合起來應用的塗色方法。

· 考慮光與影的效果，將服裝的形態表現的具有立體感。

· 向影子的方向重疊塗色，做出漸變效果進行表現。

成影一側
（各部分的左側）　　面光一側
　　　　　　　　（各部分的右側）

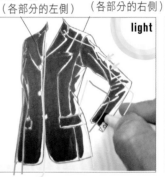

1. 試塗。將顏色重疊，試著做出漸變效果。根據素材的不同，明暗也會發生變化。對光的反射越強的素材，明暗的差別就越大。比如金屬的明亮部為白色，灰暗部為黑色。

2. 首先是留空塗色。將光線的方向設定為右側或者左側然後在袖子、身體部分等等各個部件中各自的向光一側留下少許白色進行上色。如果能夠避開細節線條上色的話那就更好了。如果形成了不均勻的地方，那就進行第二次塗色。

3. 然後是重疊塗色。要用比底色更加深一點的顏色加入陰影。

4. 使用比底色更加淡一點的顏色給整體上色，使其融入圖片。

5. 描出已經看不見了的線條。因為底色比較深，所以使用了白色的彩色鉛筆。

6. 在灰暗的部分，正在用力的部分（肘臂），比較深的褶皺的部分上要加上粗線，以畫出起伏變化的效果來。

7. 完成。 如果還想要更多的起伏效果，可以更進一步用彩色鉛筆加上陰影完成作品。

◆臉部的上色

因為皮膚、頭髮、眼睛、嘴唇的顏色是每次作畫時必塗的顏色，所以用麥克筆是最方便的了。使用COB'C Sketch麥克筆的話，用E00，YR00給肌膚上色，用E13給肌膚的陰影上色是最合適的了。如果有自己喜歡的頭髮、眼睛的顏色的話，提前購置好是很方便的。

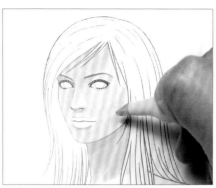

1.決定光線的方向（畫紙右側），留出空白，給肌膚塗上顏色。在光線一側的額頭、臉頰、鼻子的側面要留出白色空間。然後再用深一些的顏色加入陰影。頭髮的下面，眼睛和眉毛之間，鼻子的下面，下唇的下面，脖子的下面是容易形成陰影的地方。

2.使用比皮膚的顏色更加淡的顏色給整體上色，使其與畫面融合。

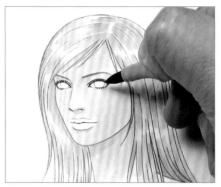

3.沿著頭髮的延伸方向塗色。為了使頭部的形狀顯示出有立體感，要加入幾道天使的光環。天使的光環就是用藍色標記過的地方，這些地方要留出白色的空間。

4.為了讓天使的光環顯得更加突出，要加上一些陰影。

5.在眼球上加上眼瞼的陰影。

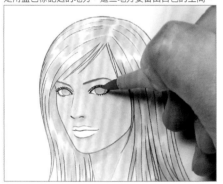

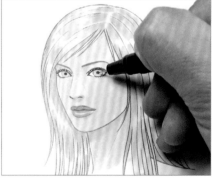

6.給虹膜上色。上部的三分之一到二分之一的地方是被眼瞼掩蓋著的。如果能夠看見整個虹膜的話，就會變成"吃驚的眼睛"，所以要注意。

7.給嘴唇加上顏色。因為上唇形成了陰影，所以顏色要更加深一點。用彩色鉛筆或者彩色粉筆給下唇添加光澤。

8.描繪瞳孔。比較大的瞳孔會產生一種"眼睛的力量"。

9.用彩色鉛筆加上眼線、睫毛油。用彩色粉筆加上眼影、腮紅。記住一定要用棉棒充分將顏色鋪開使其融入畫中。

臉部的顏色變換

第93頁的完成圖

彎曲的頭髮，在最前端的蓬鬆部分的顏色要留空。

羊毛式髮型、多卷式髮型、波浪式髮型等等一類的頭髮會發生亂反射，所以它們的顏色要留一些細小的空白。

在比較短的頭髮上，天使的光環約有兩個。

直立的頭髮要留一些細小的空白，顯出立體感來。

直接就在光的方向上留出白來也沒有關係。

[3]織物的表現

在塗色中最重要的一點就是要切實把握住素材的花紋或者特徵，然後就是用各種各樣的繪畫材料進行表現。看一看商店中的商品陳列，就可以發現那裏對於同一種設計樣式，準備了好幾種的顏色、花式，以迎合消費者的需要。即使是同樣的設計，如果素材或者花紋變化了的話，也會給人以不同的印象，設計的範圍也會大幅度的增加。

■要點

①尺寸縮小（downsizing）
當把實物的花紋繪製成B4尺寸的設計圖的大小時，應該要將它縮到原大的五分之一的大小。
（在看著實物描繪素材感的時候，要表現在大約兩米距離左右時看到的質感。）

②塗色順序。
給底子塗上顏色，然後在上面表現花紋或者素材感。
③繪畫材料的適應性。
如果是在顏色比較淡的底子上塗上深色的花紋的話，用什麼樣的繪畫材料都可以畫出來，但是相反（在黑的上面畫上白色的圓點等等）的時候，要注意繪畫材料的使用方法。要將不會透過底色的廣告色、擅長於比較精細的塗色的麥克筆、彩色圓珠筆等等有機的結合起來使用。在有些時候化妝工具也會成為非常好的繪畫材料。並且，關於用來塗底色的繪畫材料與用來塗上層色的繪畫材料的相互作用，請參考第86頁的顯色表。

碎絲粗花呢的描繪方法

布料樣品（45%。括弧內為縮小比率）：粗毛呢是蘇格蘭產羊毛的毛紡織物。其特徵為比較厚重，質地比較粗糙，具有比較質樸的風格。碎絲粗花呢的原產為愛爾蘭的多戈尼爾地區，在描繪的時候要將彩色的碎絲頭表現為細小的顆粒。因為這些顆粒要重疊塗色，所以比起透明水彩來，還是不透明的水彩更加適合。這裏我在底色、碎絲上面一塊兒用了廣告色。

1.調製底色。在製作米粉色時，要先做出來淡灰色，然後再加上紅色。

2.沿著紋理的方向，縱向上色。

3.將筆尖沾上顏料，然後將筆戳在調色盤上，將筆頭打散。

4.筆頭打開的樣子。

5.用筆尖在紙上輕輕的敲打。注意如果敲打的力道過大的話，點會變得很大。其要點是：1.將筆豎起來。2.要拿住筆的根部。3.要好好將筆擠乾，不要讓蘸了顏料的筆變得水汪汪的。

6.單個點的尺寸非常細微（大約為0.1mm左右）

7.要持續到看不見底色的程度為止，要表現出粗花呢的厚度。

8.在全面的敲打之後，換一種顏色，用深色或淺色，再進行敲打。

9.將零散的沾在筆尖上的細小的辛辣色（spice color）散塗在圖片上。辛辣色包括鮭肉色，胭脂，芥末色，淡藍色，紫色等。

10.將白色零散的塗在上面調整明暗度。

羊毛表現的變體

11.使用茶色系的彩色鉛筆，使圖像顯出粗澀感。

12.完成。

這是在位於蘇格蘭西北部的外赫布裏底群島（Outer Hebrides）製作的最高級的手工織製粗花呢，有斜紋織和人字紋織等等。它的名字是倫敦哈裏斯粗花呢協會的商標。

在作為樣品的哈裏斯粗花呢的上面有方格的圖案。因為在粗花呢的格子上面可以見到一些飛白，所以要用彩色鉛筆描畫。

原亞裏紗的作品。她畫的是與樣品不一樣的粗毛呢，很好的展示出了碎絲感。"重疊著上了好幾次顏色。（本人語）"

高橋直子的作品。非常仔細地加入了很細的碎絲，感覺很有深度。"把筆頭打散，進行了好幾次的嘗試，才給作品塗上顏色。調製顏色非常的困難，要按照順序將顏色放到調色盤上，然後再補充不足的顏色等等。（本人語）"

■ 法蘭絨的描繪方法

布料樣品（45%）：它是非常輕巧並且柔軟的毛紡纖維。如果是棉織物的話，一般稱為棉法蘭絨。如果要畫出羊毛特有的粗澀感的話，可以使用彩色粉筆或者彩色鉛筆。

這種手法可以應用於所有起毛的素材。舉幾個例子，絲絨（天鵝絨，是蠶絲的縱向起絨織物。）棉絨（大絨、平絨，是棉的橫向起絨織物。），起毛皮革（將小動物的皮革銼刀銼，做成像天鵝絨一樣的布料）等等。

1.塗上底色，使用彩色粉筆或者彩色鉛筆的筆腹，畫出粗澀感來。

2.完成。

■ 斜紋粗棉布的描繪方法

布料樣本（45%）：縱線為藍色，橫線為生絲的棉質斜紋織物。因為越是使用的長久，它就越會有一種韻味，所以繪製時的重點是要畫出一種年代感。

4.完成。

1.塗上底色。繪畫材料可以使用麥克筆或者水彩等等各種材料，什麼都可以。因為在斜紋粗棉布的藍色中包含著少量的"紅色"，所以在配製顏色的時候要加以注意。如果使用COB'C Sketch麥克筆的話可以使用B39。如果直接就塗成色彩不均衡的樣子的話可以畫出使用了很長時間的斜紋粗棉布的模樣。

2.用彩色鉛筆或者彩色粉筆來畫出斜紋粗棉布的斜紋感覺。按照漢字中寫"撇"的動作塗色，首先是白色。

3.然後塗上藏青色或者黑色，使其變得沈穩。

布料樣品（45%）：用COB'C Sketch麥克筆來畫顏色比較淡的斜紋粗棉布的時候，可以使用B23或者B45。

表面的斜紋感覺終究是非常重要的。大家要使用彩色鉛筆或者彩色粉筆，認真的畫出這種感覺。為了畫出年代感，縱向下落的感覺是非常重要的，所以要再進一步，用彩色粉筆在縱向進行描畫。

毛皮的描繪方法

布料樣品（45%）：毛皮指的是動物的毛皮。不同動物的皮，其表面的毛的長度也不同。

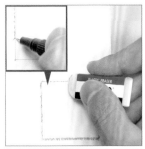

1.毛皮的輪廓也是很重要的，要像照片中那樣畫得很毛茸茸的，再用鋼筆描畫完之後用橡皮仔細地擦掉之前畫的痕跡。

2.畫底色時要使用記號筆或者水彩顏料，等到塗色完畢之後再畫上毛。

3.因為在毛的上面要有立體感，所以要考慮到光線的方向，然後在影子的方向上畫上陰影。使用彩色鉛筆的筆腹，輕輕的添加上去。

4.將彩色粉筆在別的紙張上摩擦，然後將摩擦下來的粉末用棉棒沾著添加到畫上面去。

1.最後，再用彩色鉛筆塗一遍顏色。用比底色更加淺或者是深的顏色，描繪比較細的毛，對整體進行修飾。

2.完成。再畫羊毛素材的時候，彩色鉛筆、彩色粉筆是不可或缺的。

學生作品

布料：豹紋。不規則的花紋圖案非常舒服的排列著。

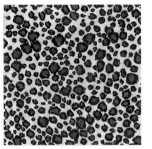

村勇麗末的作品。她在畫豹紋的時候，在塗完底色之後，還加上了豹子獨特的花紋。既塗了茶色，又塗了黑色，這時使用記號筆是很方便的。"因為這種花紋的毛的排列的方向是非常分散的，所以我一邊旋轉著紙張，一邊使方向變得多種多樣。（本人語）"

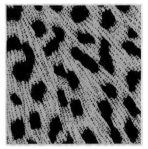

布料：動物的花紋是各種各樣的，最重要的是，要注意花紋要與設計圖的尺寸相符合，要縮小到實際尺寸的五分之一。

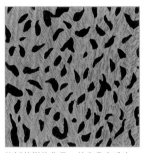

皆川美樹的作品。首先畫出毛皮，然後在上面畫上動物的花紋。"因為底色有點熒光色的味道，所以費了不少事。（本人語）"

燈芯絨的繪製方法

布料樣品（45%）：縱向的壟條是它的特徵。

1.將自動鉛筆的芯收進去，然後再紙面上劃畫，通過這樣來表現出壟條。

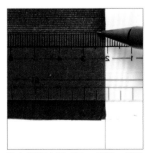

2.在紙面上形成了一些溝，燈芯絨特有的壟條就被表現出來了。以大約1mm左右的等間隔，細緻的畫出溝來。

3.完成。

■ 點的描繪方法

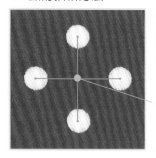

點指的是水珠狀的圖形。直徑1-2毫米的點叫別針點(pin dot)，直徑5-10毫米的叫波爾卡點(polka dot)，直徑2-3毫米的點叫硬幣點(coin dot)。

點的準星（引導線）的格子。

因為點是隔一個準星放一個，所以(準星的間隔)=(點與點之間的間隔)÷2。

畫點時，可以利用斷面為半球狀的小棒。從左至右顏彩色鉛筆的桿兒，牙籤的桿兒，毛筆的桿兒。將顏料塗在桿兒上面，然後印下去，就可以畫出非常漂亮的圓來了。

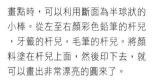

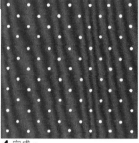

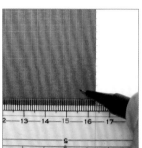

1. 使用麥克筆或者是不透明水彩來塗畫底色，畫上準星。為了將圖樣縮小到實際尺寸的五分之一，在對照著樣本描繪的時候，可以實際測量一下，然後再除以五就可以了。我在畫的時候測量了一下，發現實際尺寸為12.5毫米，除以五的話是2.5毫米，但是因為太精細了，所以就把小數點去去，畫出了3毫米的準星。記住，因為準星到後來還要消去，所以要用自動鉛筆輕輕的畫上去。

2. 在準星的上面每隔一個畫一個點。注意要讓大小一致。因為點的實際尺寸為7毫米，所以描繪的時候要將它變為1.4毫米。

3. 也可以使用彩色圓珠筆描畫點。擦去準星，如果出現了擦髒了的地方就進行一下修正。

4. 完成。

■ 學生作品

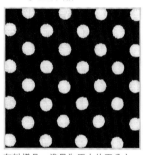

布料樣品：準星為原大的五分之一，為1毫米。點的直徑本來為原大的五分之一——0.6毫米，所以進行四捨五入後也變成了1毫米。

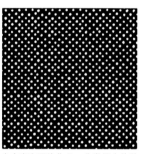

山中惠裏子的作品。非常細小的點被排列得很密集，可以看出其集中力之高。"為了能讓準星的間距一樣，我將一個一個的點也用牙籤尖弄成同樣的大小。（本人語）"

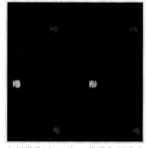

布料樣品（65%）：準星為五分之一，7毫米。點的直徑為0.5毫米，所以進行四捨五入之後變成1毫米。

泉田彩的作品。交替的塗上了紅色與白色的點，非常美麗。"在只有4釐米見方的面積中做成一塊布料，這種工作是一種非常需要細緻與耐心的工作。（本人語）"

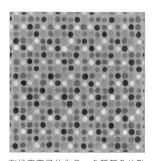

有松麻裏子的作品。多種顏色的點非常的華麗。"我明白，如果能夠畫出非常工整的準星來，就能夠順利畫出整張畫來，所以我就把準星畫得非常工整。（本人語）"

山口久美子的作品。雖然使用的是同樣的樣本畫的圖，但是一個一個的點都畫得非常漂亮。"做出全部同樣大小的點真的很困難。（本人語）"

直線的描繪方法/學生作品

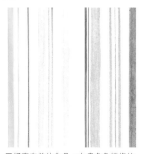

布料樣品（65%）：縱條紋。(雖然指的是全部的花紋，但是狹義上指的是縱向的條紋。)使用了很多顏色的多色縱條紋的樣品。

三好真奈美的作品。在畫多色縱條紋的時候，好好把握住花紋的重復變化規則是非常重要的。"我自己非常喜歡畫條溝，所以就嘗試了一下，然而因為顏色太淡了，所以畫得很不均勻。我是用五分之一的尺寸畫的，結果卻幾乎變成了原來的寬度，所以真的很糟糕。（本人語）"

布料樣品：橫條紋。白色底子上塗紅色的橫條紋樣品。

小林友美的作品，將紅色等間隔配置，不用塗上白色也可以。直線使用玻璃棒與描溝尺畫出（見102頁）。為了排出等間隔來，最好使用鉛筆來在邊框的外邊打出準星來。"做起來很快樂，心裏也很高興——刷的一下就可以畫得很粗很長。（本人語）"

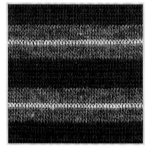

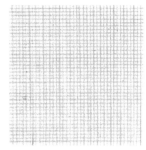

布料樣品：織物橫條紋。

大澤紗織的作品。即使省略了編織物的素材感，只追求花紋也無所謂。"要將灰色的部分與海軍藍的部分做成同樣的大小是很難的事情。雖然以為已經把紅色與白色的線拉得很直了，但是在灰色、海軍藍的中央部分細細的描繪還是很困難的。（本人語）"

布料樣品（45%）：方格花布格子。指的是使用棉質的先染線織出格子花紋的平織物。樣品是用6毫米寬的格子以6毫米的間隔排開。

永井利枝的作品。因為將樣品縮到了五分之一，所以畫出了1毫米的間隔的直線。用彩色鉛筆表現出了方格花布特有的飛白感。"用1毫米的間隔畫，太困難了。雖然畫得顏色很不均勻，但是我覺得自己已經盡了力了。(本人語)"

編織物的描繪方法

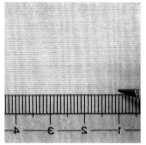

布料樣品：編織物的重點是編織的表現與起毛的表面感。

1.塗上底色。繪畫材料使用記號筆或者水彩顏料。

2.使用彩色鉛筆，用比底色更加深一些的顏色來描繪編織結。與燈芯絨一樣，要等間距的細細的添加。

3.畫出起毛的表面感的時候，使用彩色鉛筆的筆腹。與法蘭絨使用同樣的手法。

4.完成。

垂柳縐紗的描繪方法

它的特徵是在縱向細細的畫有很多像飄動的垂柳狀的"皺紋"。

1. 用水彩或者記號筆塗上底色，皺紋用彩色鉛筆塗畫。畫線條的時候不要停下，而是要迅速的畫完。

2. 完成。

千鳥格子的繪製方法

又叫犬牙格子。意同其名，就是像犬牙一樣的格子花紋。千鳥格子的白色部分與黑色部分的形狀是一樣的。但是如果原封不動的畫的話太浪費時間了，所以就要省略一些來畫。

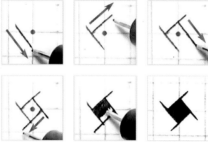

將千鳥以正確的形狀畫出數百個的話太困難了，所以將其省略為忍者鏢的形狀來畫。我們來使用筆尖直徑為0.05的繪圖筆，以準星線的交叉點為中心嘗試著描繪一下。

在真正描繪之前先練習一下。開始先將準星放在4毫米左右的間隔。

練熟之後，也來練習一下2毫米的間隔。

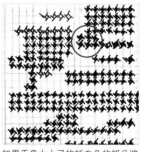

如果千鳥太大了的話白色的部分將會變小，所以要加以注意。

1. 如果可以在一排之中畫出同形狀同大小的圖形的話，就可以真正去畫了。首先做出準星。這一次要畫出小號的千鳥來，所以要使用自動鉛筆以2毫米為間隔畫出格子。

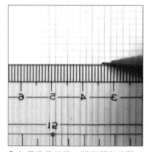

2. 如果準星歪了，那麼所有的圖形都會歪，所以要仔細畫。

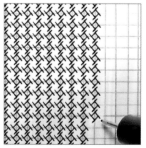

3. 以線條交叉的地方為中心，畫出千鳥格子。中間的部分以後再塗上去。

4. 將千鳥的中間塗滿，完成作品。

學生作品

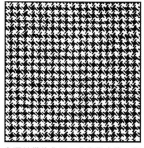

大澤紗織的作品。非常集中的，很細緻的完成了作品。"眼睛非常的累，肩膀也酸了。失敗了一個就全盤皆輸，我感覺到了這種壓力，一邊緊張一邊畫，結果很快就幹完了。（本人語）"

高橋直子的作品。沒有一點偷懶非常仔細地完成了作品。"我一邊注意著白與黑的比例，一邊進行著描繪。即使把千鳥的形狀重新畫了好多次也畫不好，所以好幾次都煩了。可是還是努力的去畫了，即使只能在遠處看的時候才能在我的畫上看到千鳥。（本人語）"

古連格子的描繪方法

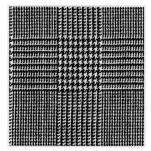

是將千鳥格子與刷毛印（髮線條紋）組合起來的花紋。

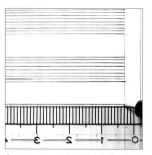

1.畫上格子。因為實際大小是30毫米的縱向間隔，35毫米的橫向間隔，所以縮小到了五分之一的話，就變成了6毫米的縱向間隔，7毫米的橫向間隔。每一種格子都各自畫上九條線。

2.有必要略比較細微的千鳥圖案。如果將圖中那樣的小鉤符號畫得很小的話，看上去也可以很像千鳥。

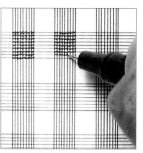

3.在各自的交叉點上面畫上千鳥。

4.在格子上面畫上細節。

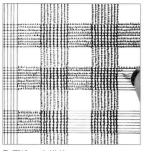

5.再進一步描繪。

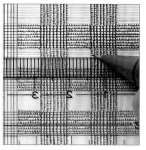

6.最後再畫上刷毛印。

7.完成。

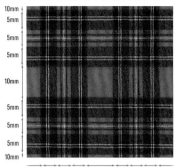

布料樣品（20%）：本來是蘇格蘭的地方貴族的家紋。每當要分離出新的門第或者有人立下戰功的時候，會給那個門第新的花紋，所以花紋也在不斷增加並且變得複雜起來。現在據說一共有171種花紋。在描繪彩色方格這樣的複雜的花紋的時候，要決定一種可以作為基準的"關鍵色（key color）"，然後將它的連續變化為中心軸，在上面加上其他的花紋。這裏關鍵色定為了紅綠色的較粗的縱條紋（綠色的箭頭部分為關鍵色）。因為在彩色格子中，它最粗而且是規則的排列著的，所以極為適合做關鍵色。這張照片已經是將樣品縮小了五分之一後複製了的，所以加上了五分之一比例的尺寸顯示。

8mm　4mm 4mm 4mm　8mm　4mm 4mm 4mm　8mm

要用筆畫出直線來，描溝尺是分方便的。首先拿住描溝棒與筆，然後用兩筆夾住中指，並且放平行就可以了。要使用拿筷子的要領拿住。

描溝棒（即使不是描溝專用的玻璃棒也可以，只要是能夠放進溝裏的棒，什麼都可以）。

1. 首先，將描溝尺放在比要畫的直線位置稍下的地方。然後將描溝棒的前端放在描溝尺的溝裏，橫向進行滑動。固定手腕，移動手肘畫線的話會比較好一些。因為根據不同的力道以及拿的筆種，可以畫出各種各樣的直線，所以讓我們來練習一下。如果事先在描溝尺的溝裏面塗上一些蠟或者是油的話，會變得更容易滑動。

2. 使用麥克筆或者不透明水彩將底色塗上，在邊框的外邊塗上準星。

3. 使用筆或者麥克筆在關鍵色的邊緣"描溝"。如果描溝尺髒了的話，也會把畫蹭髒，所以要擦乾淨或者是在尺子的下面放上一張紙來保護畫。

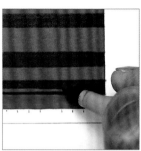

4. 塗上關鍵色的內部。雖然徒手塗也沒有關係，但是要注意不要塗出去。

5. 同樣，也將縱向的關鍵色塗上。

6. 在交叉的地方塗上深綠色。如果用不會透過底色的廣告色塗色的話會很漂亮。雖然徒手塗也沒有關係，但是要注意不要塗出去。

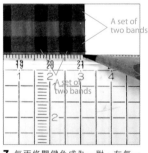

7. 每兩條關鍵色成為一對，在每一對的外側用彩色鉛筆塗上藏青色。雖然使用顏料也沒有關係，但是比較細的線條還是使用彩色鉛筆比較方便。

8. 在成對的關鍵色的內部，使用0.05的繪畫筆畫上兩條黑色的線條。

9. 用描溝法畫黃色的直線。在兩根成對的關鍵色的稍稍靠外側的地方畫上黃線。

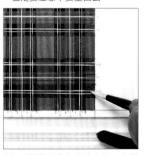

10. 用描溝法畫白色的直線。在關鍵色的內部與黑色的線條的內部畫上白色的線。

11. 因為是羊毛質的，所以要用彩色鉛筆表現出粗澀感來。用畫"撇"的方法畫上斜紋。

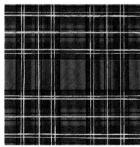

12. 完成。

■ 學生作品

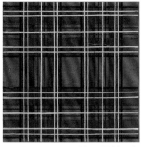

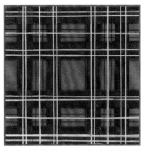

泉田彩的作品。她非常仔細地做好了各道工序，非常漂亮的完成了作品。"越做線就畫得越漂亮，我感到非常高興。我深切感覺到了，有的事情的訣竅全都在描繪方法中，而有的事情則是實際做了才能夠成為自己的東西。(本人語)"

小林友美的作品。黃色與白色的描溝線非常細緻，很漂亮。"使用了很多種顏色，也使用了很多種筆，實在是很累人。可一想到如果失敗了還得從綠色幹起……就緊張起來了。能畫出細緻的線來，真的很高興。水的分量也是很重要的。(本人語)"

永井利枝的作品。這篇作品十分忠實的面對了題目。"非常努力，感覺簡直不是自己的勁頭。雖然畫很細的線很辛苦，但是很意外的，畫的很好，我想。(本人語)"

■ 方格變體： 通過學生的作品，向大家介紹各種各樣的格子的變體

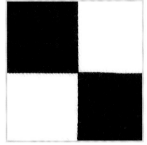

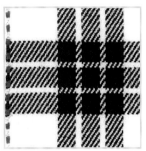

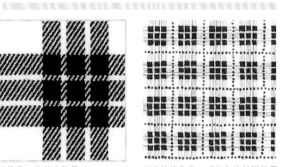

布料樣品：黑白相間圖案。如同圍棋盤的格子一樣的方格圖案，是黑格子的一種。由於上方役者（過去日本京都一帶的歌舞伎演員）佐野川市松在舞臺上曾使用過這種圖案，因而得以廣泛流傳。

山口久美子的作品。將圖案做成了斜裁的布條形式。"稜角很多，連角落都得塗上，非常的累人。(本人語)"

布料樣品：牧羊犬格子（shepherd check）的一種變體。牧羊犬格子指的是一種看上去好像在深色的方塊上面有著"撇"字形的斜紋的圖案。

田麻美的作品。"紅色的針腳使用了牙籤，方塊兒的斜紋部分使用了彩色鉛筆與繪圖筆。(本人語)"

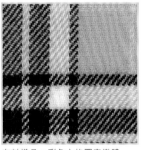

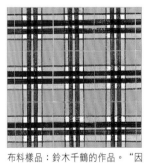

布料樣品（65%）：色調重疊格子（tone on tone check）。指的是在底色上重疊了兩種以上的顏色形成的格子。

千海友美的作品。"合計一共使用了六種顏色。看上去有一種飛白的感覺，那是因為在顏料的上面使用了彩色鉛筆。為了讓彩色鉛筆的塗色不越出去，我用兩把尺子圍住了塗色的部分進行的塗色。(本人語)"

布料樣品：彩色方格圖案變體。

布料樣品：鈴木千鶴的作品。"因為我是練習了好幾次之後才開始畫較細的線的，所以我覺得我畫得挺好的。我覺得水彩顏料的白色有點太淡了吧。(本人語)"

布料樣品：阿蓋爾格子（Argyle check）。阿蓋爾是蘇格蘭西部的地名。使用提花織機編織出來的，織法獨特的菱形格子。

高橋直子的作品。"畫這個的時候使用了彩色方格圖案的技巧。比較細的線條的顏色在半途中會發生變化，這個很困難。我先一次塗上相同的顏色然後再在顏色變化的部分上再塗一層。(本人語)"

琦玉縣立新座綜合技術高等學校協助。

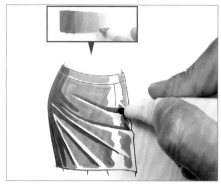

光澤材料
的描繪方法

1.在緞子、天鵝絨、琺瑯質等等有光澤的素材上，光與影的差別是很大的。首先要決定光線的方向，然後將受光的部分留出白色空間來，再進行上色。如果留白能夠使褶皺變得更加明顯，那樣會更有效果。在這裏我們用麥克筆來試著塗一下。用麥克筆塗色的時候，記住一定要事先作一下漸變效果。

2.然後將留白的部分用比較淡一點的顏色稍稍填上一點。越是有光澤的素材，它上面的漸變的顏色的差距就越大。褶皺的光澤，由於是受到光線影響的設定，所以設定線條的右上方為光，線條的左下方為影比較好。

3.在進一步用比較淡一點的顏色調和全體。

4.在顏色最淡的部分上面用白色的彩色粉筆描繪。

5.用棉棒將彩色粉筆的粉末打散。

6.完成。

皮革的描繪方法

1.像皮革或者琺瑯質這樣的有光澤的素材，直接就將白色的部分留出來也沒關係。這次我試用廣告色來上色。用的筆是臉譜筆。考慮光的方向，給褶皺或者細節留出白來，同時進行塗色。

2.使用臉譜筆可以通過筆的傾斜程度的變化而塗出各種變化。因為是有光澤的素材，所以要充分的留出白色的部分來。

3.塗色的邊緣地帶，用沾了水的毛筆溶開來。

4.不要著急，一點一點地溶解開來。

6.為了讓白色的部分更加突出，在白色的部分上使用彩色粉筆。

5.留下了很多白色的部分。

7.使用彩色粉筆，要像是在紙上塗抹那樣的動作。

8.用棉棒擦用過彩色粉筆的地方，使其與畫面融合。

9.完成。

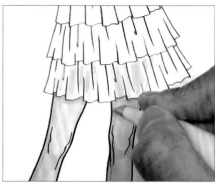

透明素材的描繪方法

1.在繪製雪紡綢（薄的絹質平織物），蟬翼紗（具有像麻那樣的粗糙感，比較有韌性的較薄的平織物），喬其紗（喬其褶皺紗：有褶皺的比較薄的織物），巴裏紗（比較薄的粗織物）等等可以透過來底色的素材的時候，首先要先從底色塗起。

2.從布料中透過來的肌膚的顏色，稍微將畫淡一點會比較好。

3.畫透明的素材的時候，透明水彩是最適合的了。要加上充足的水，讓顏料的濃度盡量變淡，這就是配色的訣竅。

4.特別是在第一、第二遍塗色的時候，一定要使用比較淡的液體。這是因為在第一遍塗色的時候水分被紙張急劇吸收，十分容易形成不均衡的地方。

5.設定光線的方向，然後在形成影子的方向上用同樣的顏色重疊上色。在之前塗的顏料完全乾了之後，再重疊塗上顏色。雖然乾燥時間因季節或者氣候的不同而不同，但是普通的水彩顏料約為2-3分鐘，丙烯顏料約為1-2分鐘左右。

6.再進一步重疊上色。重復兩三次就可以加上起伏變化的效果，但是因為是透明水彩，所以底色還是很清楚地透了過來。

7.用彩色粉筆輕輕的加上陰影，進一步加上起伏變化的效果。

8.用棉棒將彩色粉筆融合到畫中去。

9.完成。

長筒襪和網眼緊身褲
的描繪方法

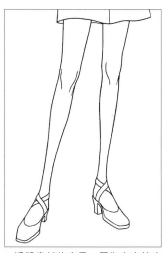

1.透明素材的應用。因為麥克筆也是透明繪畫材料，所以讓我們來試著使用一下。

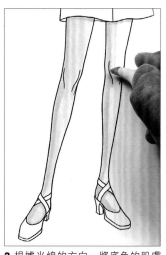

2.根據光線的方向，將底色的肌膚的顏色塗上。

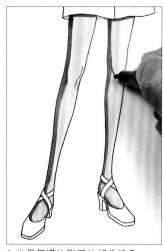

3.從長筒襪的影子的部分塗色。

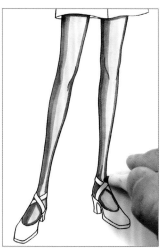

4.用更加淡的顏色給更加明亮的部分塗色。

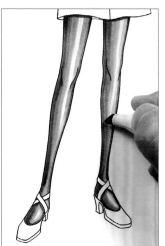

5.再用淡色重疊塗色。

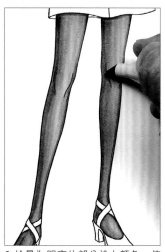

6.給最為明亮的部分塗上顏色，使整體變得協調。

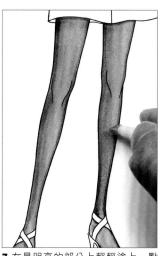

7.在最明亮的部分上輕輕塗上一點肌膚的顏色，進一步加上透明的感覺。

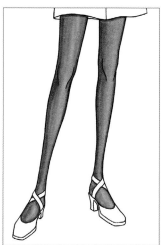

8.完成。最明亮的部分也是肌膚最能夠透過來的地方。

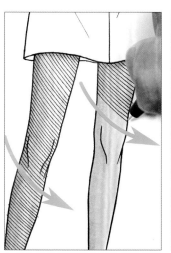

1.首先畫出網眼緊身褲的網眼線條。要讓這些線條包裹住整個腿部。

2.反方向的線條也要畫上，畫的時候要記住，腿部的形狀是圓柱狀的。

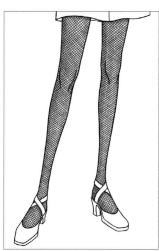

3.完成。

蕾絲的描繪方法

1. 蕾絲指的是有很多空隙，並且上面有一定圖案的布料。因為畫到最後就沒有辦法加上陰影了，所以要先加上去。

2. 使用白色的廣告色顏料，細緻的描繪針眼。如果要上色的話，使用繪圖筆、彩色鉛筆、彩色圓珠筆的話會十分方便。

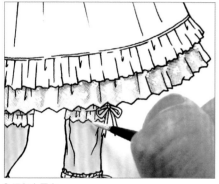

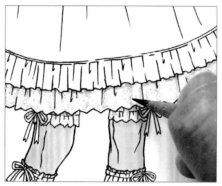

3. 添加上圖案。.

4. 使用彩色鉛筆讓圖案更加顯眼。

5. 完成。

[4] 款式的紋理

要給款式加上花紋的話，把握住紋理是非常重要的事情。特別是已經穿著在人體上的專案，會由於身體的體積感與動作等原因，本來為直線的紋理會出現各種各樣的變化。這個時候要在每個部件上面加上一兩條縫合線（在圖中用橙色表示），而縫合線則是在立體的把握紋理的時候的關鍵。如果以這種縫合線為基礎來描繪紋理的話，是不會畫錯的。在這裏，我們通過繪製縱條紋或者格子等等這些實際操作，來對款式的紋理進行考察。

≡女襯衫≡

前邊的身體部分和袖子的紋理為縱向的，與之相對，領肩或者是袖口這樣的地方的紋理為橫向的，這是一個要點。

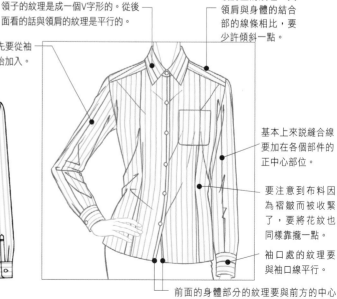

領子的紋理是成一個V字形的。從後面看的話與領肩的紋理是平行的。

領肩上的紋理，與領肩與身體的結合部的線條相比，要少許傾斜一點。

袖子的紋理首先要從袖子的正中間開始加入。

基本上來說縫合線要加在各個部件的正中心部位。

要注意到布料因為褶皺而被收緊了，要將花紋也同樣靠攏一點。

袖口處的紋理要與袖口線平行。

前面的身體部分的紋理要與前方的中心線平行，由於身體的體積感，身體部分的下擺向左右打開，所以要加以注意。

≡ T恤 ≡

我嘗試著給T恤的橫向紋理加上了橫向條紋。身體部分的條紋與下擺平行，袖子的條紋與袖口線平行。

由於身體的體積感，身體部分的條紋會發生變化。基本上要與下擺平行，但是要注意到胸口一帶的隆起，要用曲線進行描繪。

袖子的紋理要與袖口平行。

≡ 坦克衫 ≡

因為坦克衫沒有袖子，所以在紋理的描繪方法上沒有什麼難的地方

將縫合線加在前方的中心。然後要注意胸部的隆起，在縫合線的左右方向再增加上線條。

≡ 夾克 ≡

因為夾克的部件很多，所以也必須要注意到紋理。特別是上領與下領的紋理，上領的要與邊緣成直角，下領要與邊緣成平行關係。

雖然也與大小有關係，但是下領基本上與邊緣是平行的。

上領的紋理雖然與邊緣成直角關係，但是也有一種立體的透視關係。

口袋的紋理要做成豎向的。

在袖子的正中央畫上縫合線。如果肘部發生了彎曲的話，那麼縫合線也要跟著彎曲。

用鑲條進行切換。

因為布料由於褶皺而被收緊，所以紋理要向裏偏。

身體部分的紋理要與前方中心平行。

≡ 卡帝岡無領衫 ≡

袖子、身體部分的紋理要向著鬆緊條部分的方向稍為的收緊一些。

編織物比起布帛來，會稍微顯塌一點，所以要沿著身體發生曲折。

鬆緊條既可以像款式圖中的那樣畫成橫向的，也可以像樣式圖中的那樣畫成縱向的。

在袖子的正中心畫上縫合線。

運動夾克

重點是插肩式袖子的紋理。紋理要以肩膀為起點，描繪成彎折一樣的效果。如果想把紋理描繪成筆直的，那就把袖子向橫向更加展開後繪製就可以了。

因為下擺是使用鬆緊條縫製的，所以身體部分上的紋理要向著下擺方向被收緊。

插肩式袖子的紋理與從肩膀到手臂的輪廓線大致是平行的。

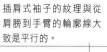

要注意鑲邊口袋的紋理。

連衣裙

在裙子部分形成了褶子，所以紋理也會偏向褶子一邊。

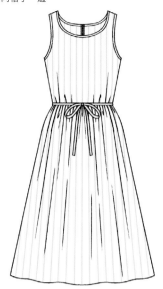

緊身裙

因為腰帶部分是身體部分的補充布料，所以紋理與身體部分大致成為直角。

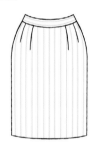

褶皺部分的紋理的添加方法是最容易搞錯的地方。大家要考慮到布料是怎麼樣被收緊的，然後再用曲線添加上去。

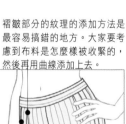

在加上了兩條褶皺的時候，布料會更加朝向著中心被收緊。

百褶裙

因為在百褶裙的上面經常使用格子，所以我試著加上了橫向與縱向的紋理。縱向為藍色，橫向為綠色。

因為腰帶部分是身體部分的補充布料，所以紋理與身體部分大致成為直角。

重點是橫向的紋理。因為下擺是參差不齊的，而腰部則是非常平滑的線條，所以要從兩邊一點一點的畫上線條，在正中間一帶整合。

圍裹裙

注意褶皺部分的紋理。

因為腰帶部分是身體部分的補充布料，所以紋理與身體部分大致成為直角。

與腿部動作相應的，圍裹的部分將會打開。

腰帶的紋理是橫向的。

這裏的連衣裙是有鑲條的。布料被收緊，紋理形成了曲線，要注意它的畫法。

在褶皺的部分布料將被收緊，紋理形成了曲線形狀。

═ 褶裙 ═

紋理向著褶子的部分偏斜。

═ 褲子（直腿）═

褲子的各條紋理均與下擺線成為直角。重點是要在前方中心成V字形交叉。

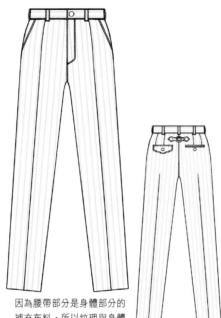

═ 褲子（肥腿）═

即使這種褲子很肥大，但是畫紋理的方法也是一樣的。各條紋理按照與下擺線垂直的方向排列。這條褲子上面雖然沒有褲線，但是也要把縫合線放在正中間。

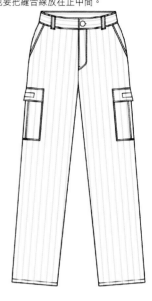

因為腰帶部分是身體部分的補充布料，所以紋理與身體部分大致成為直角。

不要因為裙子展開來了而感到困惑，要按照被褶子收緊的程度，一點一點將紋理展開。

因為腰帶部分是身體部分的補充布料，所以紋理與身體部分大致成為直角。

腰帶襻兒的紋理為縱向。

與腿部的動作相應，在腳的根部附近線條發生了變化。縫合線移動到了褲線（center press）（褶皺（crease））部分附近。

因為腰帶部分是身體部分的補充布料，所以紋理與身體部分大致成為直角。

下擺的鬆弛部分的縫合線也要畫出很鬆垮的感覺來。

[5] 樣式圖的工序

讓我們來利用之前學過的知識，來試著畫出樣式圖來吧。如果嘗試沒有成功的話，那麼就要查看一下在那裏遇到了困難，然後回到之前各章進行復習，應該就可以了。

樣式圖的過程如下所記：

1. 草稿：
身體：記住要描繪出8頭身（身體長度相當於8個頭部——譯者），重要的是要根據設計描繪出各種各樣的姿勢來。
著裝：要注意，著裝時要考慮到服裝的寬鬆度。一定要好好的描繪出各個款式的輪廓、細節、褶皺來。

2. 清理：鋼筆描繪、謄寫。將草稿的線條透到別的用來塗色的紙張上去。有從下面打燈透描的方法，以及將草稿的背面塗滿黑色，從上面描畫寫的方法。如果已經做熟練了的話，可以在一張紙上進行1、2兩步的工序，這樣會比較好。

3. 塗色：塗色的順序依次為：皮膚、服裝、附件、頭髮修飾。與肌膚顏色相適的配色是很重要的。在使用顏料的情況下，要塗比較淡的顏色或者是比較輕薄的素材的話，要將水分放多一些，使用「重疊上色」。而如果是比較深的顏色或者是比較厚重的素材的話，比較適合使用比較少用水的「全面塗抹」或者「留空塗色」等方法。請大家根據素材情況，綜合使用包括記號筆、彩色鉛筆在內的各種繪畫材料進行塗色。

4. 完成：進行頭髮修飾、描出已經看不到的線條等等。最後觀察整體的平衡，給線條加上起伏效果完成作品。

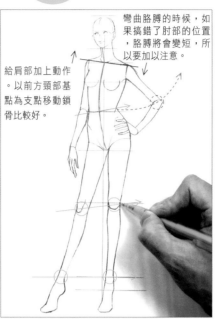

給肩部加上動作。以前方肩部基點為支點移動鎖骨比較好。

彎曲胳膊的時候，如果搞錯了肘部的位置，胳膊將會變短，所以要加以注意。

1. 草稿。斜向重心位於單腳的姿勢（軸心腳位於前方）

（使用技巧）
西服樣式
- 重疊塗色
- 素材的表現（蘇格蘭呢）
- 立體的紋理表現。

夾克的腰身線如果比身體的腰線畫得高一點的話，可以做出長腿的效果來。

因為夾克是外套，所以寬鬆的部位要多一些。

因為裙子是緊身的，所以要沿著身體的線條。要好好的表現出布料的厚度來。

2. 首先畫出輪廓圖來，把握好平衡，然後開始繪製細節。這一階段最好不要去畫褶皺。

3. 因為線條已經變得亂七八糟的了，所以要在上面鋪上一張紙透描完成草稿。如果將褶皺畫得太多了的話就會與細節線條混淆，所以就以關節一帶為中心簡單的畫一下。

5. 將光線的方向設定為左右的一方（相片中設定為紙張的右方）。成影的一側的線要畫得粗一點，可以嘗試給線條加上強弱效果。

在進行清理的時候大多也會使用繪圖筆描畫。這種情況下有很多種粗度，請大家以下面的內容為參照，自己嘗試進行區分使用。

0.05：眼睛、鼻子，嘴。
0.1：臉部輪廓，頭髮的內部，針腳、扣子等等小的部件。
0.3：頭髮的輪廓，各個專案的的分界線，各個部件的分界線。
0.5：較薄的款式的輪廓。
0.8：較厚的款式的輪廓。
1.0以上：輪廓的強調。

4. 清理。使用照明桌，將草稿複寫到肯特紙上去。線條使用「Schwan STABILO Original 87/750」來描繪。如果複寫的時候沒有照明桌的話，請參照第二章《款式圖的描繪方法（共通）》（第55頁）

6. 如果是使用彩色鉛筆進行清理，要使用定型劑噴塗，將線條定型。使用時離開畫面大約30釐米，與畫面平行的移動。噴1秒鐘左右就足夠了。如果噴太多了的話顏料就沾不上去了，所以要注意。

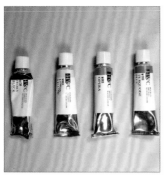

7.塗色。這次嘗試以"重疊塗色"為中心進行塗色。要重疊塗色的話，透明水彩顏料比較合適。可以通過CMYK基本色的調和，調出所有的顏色來，如果能夠注意到這一點，對配色的感覺會提高。因為在套裝中有的顏色並不一定就可以直接作為肌膚的顏色，所以如果能夠在平時就養成混合製作顏色的習慣的話，就可以嚴格的控制一些微妙的配色。在赫爾本的藝術家水彩中，C為青綠色（turquoise blue），M為歐佩拉紅色，Y為檸檬黃（lemon yellow），K為象牙黑（ivory black）。

8.首先是肌膚的顏色。要表現富於水分的的肌膚，水分比較多的"重疊塗色"比較合適。重疊塗色用透明水彩比較好，但是即使是不透明的水彩，如果將水分放得更多一點的話，也可以出現與透明水彩相同的效果。可以製作帶一點紅色的橙色，用水打薄塗在肌膚的上面。在重疊塗色中不使用白色。而是要以作為血液的"紫紅色"為基盤，在上面一點一點添加作為黑色素的"黃色"而製作出來這種感覺。

9.首先薄薄的塗刷一遍。如果黃色成分太強了的話那麼臉上的血色就會顯得很不好，所以要注意。如果是用水很多的重疊塗色，那麼造成失敗的最大原因就是水的用量。為了讓紙面不會被水淹，要一邊用面巾紙將筆頭的水擦去一邊進行塗色。

10.即使塗得太深了也不要慌張。使用只含有水分的毛筆，輕輕地描在想要將顏色打薄的地方，讓顏料浮起來。

在白色的襯衫上面添加上影子。將黑顏料用水溶解作成灰色，不使用白色。畢竟是要用水量來表現濃淡的效果。

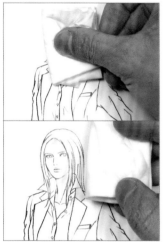

11.使用面巾紙用力按下去的話，可以連水帶顏料一下子都吸起來，顏色就變淺了。如果在邊上還剩下有顏料，那麼就重複這個步驟。

12.在影子的一側沿著線條重疊塗上顏色。

13.為了在頭髮與襯衫的陰影部位顯出立體感來，再進一步重疊塗色。

14.使用只蘸了水的筆對整體進行梳整，這樣可以讓顏色之間的差異消失，從而變得柔和。

15.塗上襯衫的底色。這一步也是重疊塗色，所以水分要多一些。

16.沿著影子一側的線條重疊上色，因為在這一步完成之後就要加上蘇格蘭呢的效果了，所以濃淡要稍微強一點。因為褶皺是顯示出色彩的濃淡的地方，所以在這裏也要重疊著上一些顏色。基本上要在線條的下方上色。

17.加上蘇格蘭呢效果。使用不透明水彩的繪畫材料不會透過底色，比較合適。試著塗上三種左右的顏色，一直到底色變得不太顯眼了為止。

18.要均勻的、仔細的塗上顏色。

19. 為了更進一步加上粗澀感，將彩色鉛筆放倒進行塗色。

20. 畫出格子來。使用彩色鉛筆畫出起毛並且模糊化了的格子，反過來，比較清晰的格子則使用不透明水彩比較合適。

21. 如果是使用彩色鉛筆完成的畫面，那麼也使用彩色鉛筆給它加上陰影。

22. 用金色的圓珠筆來畫皮帶扣上的金屬比較方便。

23. 重疊塗色比較適合於順暢的頭髮。要一邊注意著天使的光環的位置一邊進行重疊塗色。

24. 使用0.05的繪圖筆來畫眼線。

25. 畫眼影、口紅的時候要使用彩色鉛筆。臉頰要使用彩色粉筆。將它在別的紙張上研磨，然後用棉棒蘸取磨成粉狀的物質，輕輕地擦上去。

26. 觀察整體的平衡，給線條加上強弱。不要忘記要把已經看不見了的線條描上去。

27. 噴上定型劑使其固定，完成。

街服樣式（男子）

（使用技巧）

- 重疊塗色
- 留空塗色
- 全面塗抹
- 素材表現（天鵝絨、斜紋粗棉布、皮革）
- 輪廓線的強調。

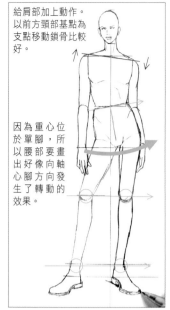

給肩部加上動作。以前方頸部基點為支點移動鎖骨比較好。

因為重心位於單腳，所以腰部要畫出好像向軸心腳方向發生了轉動的效果。

1.草稿，正面重心位於單腳的姿勢。

因為夾克是外套，所以它的寬鬆之處要畫得比較多。腰身線如果比身體的腰線畫得高一點的話，可以做出長腿的效果來。

因為是低腰褲，所以大腿下方要留出足夠的寬鬆部分。

2.畫著裝的時候，首先畫出輪廓找好平衡，然後再畫出細節來。在這一個階段，可以不怎麼畫上褶皺。

受光面的線條可以斷開，著色時按照整體進行。

為了給褲子加上皺皺巴巴的感覺，稍微多添加一點褶皺。不要忘記關節一帶的褶皺。這樣的話即使穿法是很鬆鬆垮垮的，也不會破壞掉原有的比例。

3.清理。如果是用彩色鉛筆進行的清理，那就用定型劑噴一下將線條固定。離開大約30釐米，與畫面平行的移動。噴1秒鐘左右就足夠了。如果噴太多了的話顏料就沾不上去了，所以要注意。

4.塗色。這次也來嘗試一下"全面塗抹"和"留空塗色"。隱蔽性比較強的不透明水彩顏料比較適合於全面塗抹與留空塗色。請注意，不透明的水彩顏料也和透明的水彩顏料一樣，可以通過CMYK的基本色的調和作出全部的顏色來。照片中的是尼卡的設計者用水彩。其中C為天藍色（cerulean blue），M為紫紅色（magenta），Y為檸檬黃（lemon yellow），K為黑色（black），白則使用白色為料（white）。

5.畫肌膚的時候常常使用"重疊塗色"。因為橫條紋非常的鮮豔，所以要使用比較重的顏色，所以用"留空塗色"來表現。在向光一側留出白色再進行塗色。

6.用只蘸了水的筆從白色的部分開始向有色的方向描畫，使其變得柔和。來回重複2-3遍的話，感覺會變得很好。

7.黑色也同樣處理。因為內衣的灰色為素色，所以要使用全面塗抹。

8.將夾克的材料定為天鵝絨。重點是要有細緻的起毛感，還有光澤。因為是很深的顏色，所以要先使用留空塗色法將底色塗上，基本的操作就是要在向光的一側沿著線條留出白色空間來。然後更進一步，在褶皺的線條上面也要留出白色來。

9.用只蘸了水的筆從白色的部分開始向有色的方向描畫，使其變得柔和。來回重複2-3遍的話感覺會變得很好。

10.使用彩色粉筆類的彩色鉛筆來表現天鵝絨的起毛感。

最後用筆刷畫出粗的輪廓線，這樣可以體出畫面衝擊力。

11. 因為想要在斜紋粗棉布的上面表現出陳舊感來，所以要使用重疊塗色方法畫出比較醇厚的感覺。

12. 使用削尖了的彩色鉛筆加上斜紋。注意要細細的加上不要留下空隙。顏色為白色與黑色。

13. 為了更進一步加上縱向下落的感覺，要以褶皺為中心，使用彩色粉筆系的彩色鉛筆加上顏色。

14. 給腰帶塗上顏色，給針腳或者鉚釘也塗上顏色。使用金色的彩色鉛筆給鉚釘上色正合適。

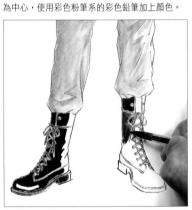

15. 因為靴子是黑色的，所以要用"留白塗色"方法。給鞋頭（鞋子前方的皮革）加上光澤的話就會現出立體感。

16. 因為皮革是有光澤的，所以最好留出白色的地方，只將邊際柔化處理就可以了。

17. 將頭髮畫得很順滑。像這樣即使有白色的留白也沒有關係。

18. 觀察一下整體的平衡，然後給線條加上強弱。不要忘記描出看不見的線來。

19. 完成。

街服樣式（女子）

（使用技巧）

- 使用麥克筆上色。
- 素材感、花紋的表現。（皮毛、豹紋、花紋、編織、網眼、金屬花紋）

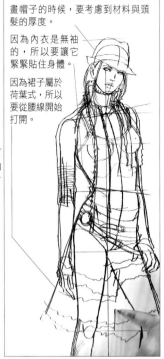

給肩部加上動作。以前方頸部基點為支點移動鎖骨比較好。

位於後方的手臂的手放在了腰帶上。

1. 草稿。斜向重心位於單腳的姿勢。（軸心腳位於前方）。

畫帽子的時候，要考慮到材料與頭髮的厚度。

因為內衣是無袖的，所以要讓它緊緊貼住身體。

因為裙子屬於荷葉式，所以要從腰線開始打開。

因為內衣的素材是十分柔軟的，所以要以胸部為支點，加上向下的褶皺。

2. 在畫著裝的時候，首先畫出輪廓找好平衡，然後再畫出細節來。在這一個階段，可以不怎麼畫上褶皺。

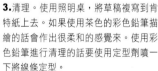

線條的"寸勁"對於褶子或者是荷葉部的褶皺來說非常重要。首先畫出下擺來，要弄清楚要把褶皺畫到哪里為止。然後使用寸勁"刷！"的一下畫出線條來。

3. 清理。使用照明桌，將草稿複寫到肯特紙上去。如果使用茶色的彩色鉛筆描繪的話會作出很柔和的感覺來。使用彩色鉛筆進行清理的話要使用定型劑噴一下將線條定型。

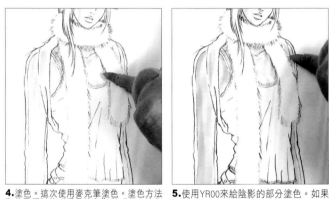

4. 塗色。這次使用麥克筆塗色。塗色方法為使用顏料的"重疊塗色"與"留白塗色"的混合方法。因為使用麥克筆既可以混合顏色，顯色效果也很好，所以十分方便。請參照第91頁一點一點的積攢麥克筆。首先使用E00來對肌膚的顏色使用留白塗色。可以根據自己的愛好來試著給肌膚塗上各種顏色。

5. 使用YR00來給陰影的部分塗色。如果大家看到手臂的部分就能明白了，塗陰影的基本方法就是要沿著陰影方向的線條上色。然後再進一部給有高低差距的部件之間的連接處或者褶皺塗上陰影。

6. 再次使用E00上色，使整體得到調和。這樣的話就可以出現一個三級的漸變效果了。

7. 無袖貼身短衣（camisole）也要和肌膚一樣，應用"底色的留白塗色"、"陰影的上色"、"使用底色使整體得到調和"這一套方法。因為還要畫入花紋，所以陰影要畫得稍微緊湊一點。

8. 如果手裏的麥克筆的種類已經有很多了，那麼也可以將"底色"與"調和色"分開來試試。這樣的話會出現更多的起伏變換效果。

9. 如果底色比較淡的話，可以使用麥克筆在它的上面再次重疊。如果底色比較深的話，使用不透明水彩在它上面塗出就可以了。

10. 再加入葉子完成花朵圖案。因為底子的陰影很強，所以即使加入了花紋仍然會有起伏變化的效果。

11. 塗上毛皮的底色。

12. 像畫毛那樣，沿著影子一側的線條一點一點地加上陰影。

13. 加上豹紋。

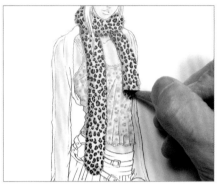

14. 等畫完了花紋之後，在陰影部分使用彩色鉛筆中的茶色、黑色、在明亮的部分使用白色再添加上一些毛，以畫出立體感來。

15. 在帽子上也使用留白塗色法。在此之後使用淺色對全體進行融合。

16. 因為多褶裙（tiered skirt）有很多的荷葉狀褶皺，所以使用留白塗色法畫出立體感來。

17. 如果底色是黑色的話，使用灰色的70%左右進行調和，然後等到整體顏色有些許變淡的時候，再進一步加入黑色的陰影。

18. 畫出織物的編織材料。如果在描繪中能讓它變得比較皺皺巴巴的話，就可以現出那種感覺來了。在畫縱條紋系的條紋圖案的時候，如果使用在黑色紙張上也可以描繪的彩色圓珠筆的話，也會是很好用的。

19. 為了畫出起毛的織物感覺，可以使用白色或者是同色系的彩色粉筆對表面進行梳整。

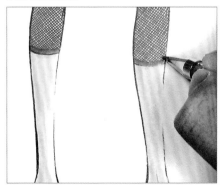

20. 如果要是畫網眼系的短裏腿的話，雖然也可以使用彩色鉛筆，但如果想讓顯色效果更加好的話，可以使用彩色圓珠筆。

21. 鉚釘、帶扣等等的金屬部分，可以用銀色的圓珠筆來繪製。

22. 鞋子要使用比較淡的金色。

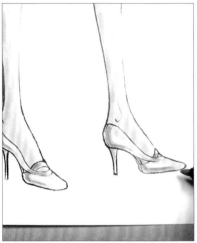

23. 畫金屬顏色的時候要將明暗的差別放大一些。如果極端的來說的話，明亮的部分要塗成白色，灰暗的地方要塗上黑色。

24. 使用麥克筆來給頭髮、眼睛上色。

25. 使用0.05的繪圖筆來給眼線上色，使用彩色鉛筆來給眼影、口紅上色，使用彩色粉筆來給臉頰上色。

26. 將已經看不到的線條描出來。使用白色鉛筆來描畫深色的細節線條比較方便。

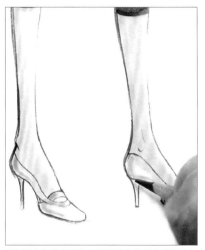

27. 觀察整體的平衡，使用茶色的彩色鉛筆添加上線條的強弱效果。

28. 使用定型劑，完成作品。

[6]時裝繪製

如果對樣式圖已經熟練，那麼就可以不畫草稿，嘗試一下直接表現形象的時裝繪製。

1.如果頭腦中的印象已經形成了的話，就一口氣畫下去。如果沒有自信的話那就用黃色等等的淺色鉛筆先畫出骨骼等等，這樣應該也可以。但是，盡量畫的簡潔的話，整幅畫會顯出一種氣勢來，所以要注意不要畫得太過細緻了。

2.下半身特別重要。使用一根線條的強弱變化來表現腿部。將筆尖豎起來或者躺下去，來進行描繪。

3.使用麥克筆，將頭髮或者襯衫畫得比較順滑。肌膚的顏色可以不上。

4.使用彩色鉛筆畫上縱向條紋，注意不要畫得太多。

5.使用彩色鉛筆畫出輪廓來，畫出最小限度的褶皺、細節。最重要的是不要過度描繪。

6.完成。顏料可以不是一種顏色。如果是不透明水彩的話，因為它具有隱蔽性，所以在上面可以塗好幾種顏色。另外，封面上的圖畫也是用這種方法繪製的。更進一步的，可以用Photoshop將花紋進行加工，添加上去。Photoshop的使用方法請參考第四章（從第125頁起）。

如果是女裝的話，單色調有點顯得太冰
冷了，所以我使用了很多種的顏料。

我用掃描器掃描輸入了手繪的樣式
圖，將其資料化，並進行了加工。
首先，用Illustrator製作第156頁的
花紋，然後用Photoshop打開畫像
，將其樣式化（參見第136頁），
製成剪切蒙版（參見第144頁），
然後粘貼在連衣裙的上面。更進一
步的，我還使用Photoshop進行了
修飾等等。從第125頁開始，將會
詳細介紹使用Photoshop、Illustrator
的CG技術。

[7]各個年齡階段的身體比例

人類在剛剛出生的時期頭部相對的比較大，但是隨著一個人生長為成人，他的運動機能會變得發達起來，手腳也會發生急劇的延伸。另外，隨著牙齒的生長，鄂部也會發達起來，結果就會出現位於頭部的眼睛的位置相對上移的這種變化。讓我們來看一下不同年齡的男女身體平衡的不同。最初，男女的體型是一樣的，但是等過了第二性徵期（10歲-15歲）的時候男女之間的差距就急劇變大。女性的胸部會發育，腰部變細，臀部顯出一定的體積感。而男性則變成肌肉質的體格。雖然女性的成熟更為早一些，但是最後的結果是男性會發育的比女性高半個頭左右。（身高大約185釐米。一頭身23釐米，8個頭身）

7歲
1頭身：約18.5釐米/6.5頭身
身長：約120釐米

5歲
1頭身；約18釐米/6頭身。
身長：約105釐米。

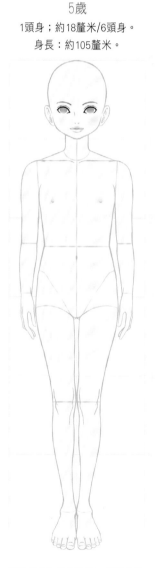

3歲
1頭身：約17.5釐米/5頭身。
身長：約90釐米。

1歲
1頭身：約17釐米/4頭身。
身長：約70釐米。

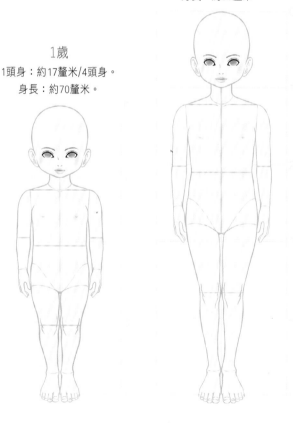

出生後一年。身長大約為最初的1.5倍。

肚子還是有點突出，有點圓溜溜的體型。

運動能力也開始發達，手腳非常快速的伸長。

開始換牙，下巴也開始變尖了。相對來說眼睛的位置也向上移動。

18歲 – 成人
1頭身：約22釐米/8頭身
身長：約175釐米。

15歲
1頭身：約22釐米/7.5頭身
身長：約165釐米。

10歲
1頭身：約20釐米/7頭身
身長：約140釐米。

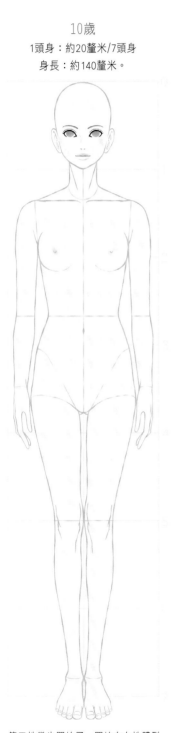

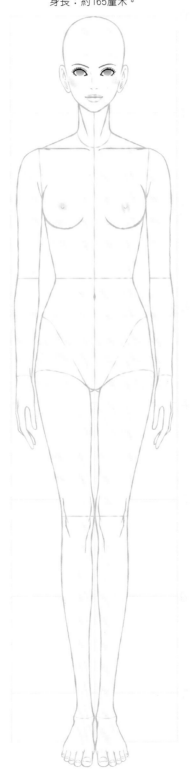

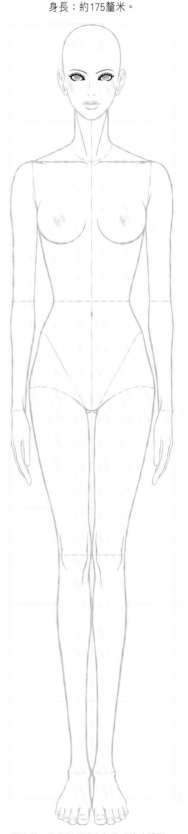

第二性徵也開始了，開始向女性體型變化。特別是胸部的隆起與腰部的變細現象變得十分顯著。

頭部的大小已經與成人沒有什麼區別了，但是臉部、身體還是多少有點發胖。

完成型。最具鮮明感與起伏感的的體型。從這階段以後就開始老化。臉頰、胸部、腹肌等等從整體上失去彈性，漸漸變得下垂。體態也開始變得不那麼好了，會漸漸向前彎下去。

Drawing of Children

兒童

因為年齡的不同,各個部位的平衡性也不同,所以需要注意以下三點。

●頭部比較大,下顎部還沒有發達,所以眼睛的位置相對來説比較低。

●整體看來體型比較圓。

●沒有什麼男女的差別。

5歲　　　　　　　　　　　3歲　　　　　　1歲

第 4 章
CG 技 術

最近，不僅僅是在時裝業界，即使在教學中，使用CG(computer graphics電腦繪圖)的機會也越來越多了。其原因就是，通過使用PC（personal computer個人電腦），可以更加有效並且高效率的表現出自己的設計成果。比如說，即使一個人在使用繪畫工具上色或者表現題材這些方面不太在行，使用CG也可以只需輕輕點擊一下滑鼠就將上色工作完成得十分理想，或者也可以在瞬間完成顏色的變化。PC根據OS（operation system作業系統）的不同可以大體分為兩種。一種是Windows，它價格適中，相容性很高，所以在各個業界得到了廣泛的使用。Macintosh價格比較高，但是由於其很高的設計性，所以在設計業，或是創作性的行業中很受歡迎，並且最近在教學中也開始普及起來了。在這裏，我們根據一些電腦的基礎知識，來學習一些可以使用在設計圖上面的技術。

■硬體：

●電腦：Windows，Macintosh，使用哪一種都可以。（筆者用的是Power Mac G5，OS用的是10.3。）

●顯示器：15英寸以上的顯示器比較利於工作，推薦。（筆者用的是21寸的顯示器）

●記憶體：不加記憶體的話或許會對電腦的工作速度有影響，所以希望大家登陸各個廠商的主頁，或者去電腦商店找專門的職員談一談。（筆者的記憶體已經加到了1.25G）

●掃描器：最好是可以掃描B4型以上的掃描器，這樣最便於工作，但是因為這樣的掃描器價格很高，所以也可以使用A4的。這樣如果要掃描A4以上的東西的時候分兩回掃就可以了。

●印表機：推薦使用最大可以列印出A3大小紙張的印表機。（筆者用的是集掃描、列印、傳真、複印功能於一體的複合機種，Canon IRC3100。）

●手寫板：相當於把電腦的滑鼠變成了一支筆的形式。有些細微的線條用滑鼠無法畫好，如果有了此設備，可以像用筆畫一樣，把線條畫得很圓滑。（筆者使用的型號是WACOM的INTUOS）

■軟體：

●最流行的是Adobe的Photoshop以及Illustrator。Adobe的總部位於美國，是世界上最大的軟體企業之一，它可以提供數位圖像、設計等方面的軟體。Illustrator是一種圖形製作軟體，在時裝業界主要用來製作概要圖、款式圖或者織物的設計製作。筆者用的是Illustrator CS。Photoshop擅長的是對數位圖片的管理，在時裝業界主要用來進行設計圖的上色、款式圖或者織物的設計製作。筆者用的是Photoshop CS。

●本書中的按鍵操作以Macintosh為基準。Windows鍵盤的按鍵操作原則上不一併記載，對照圖列於右側，敬請讀者諒解。

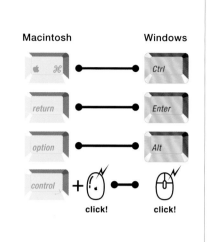

[1]Photoshop的使用方法

Photoshop的操作介面

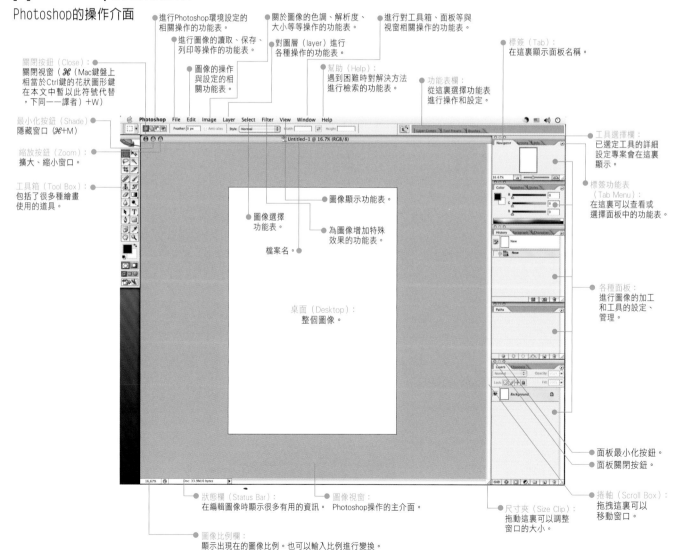

●進行Photoshop環境設定的相關操作的功能表。

●進行圖像的讀取、保存、列印等操作的功能表。

●關於圖像的色調、解析度、大小等等操作的功能表。

●進行對工具箱、面板等與視窗相關操作的功能表。

●圖像的操作與設定的相關功能表。

●對圖層（layer）進行各種操作的功能表。

●幫助（Help）：遇到困難時對解決方法進行檢索的功能表。

●功能表欄：從這裏選擇功能表進行操作和設定。

標籤（Tab）：在這裏顯示面板名稱。

關閉按鈕（Close）：關閉視窗（⌘（Mac鍵盤上相當於Ctrl鍵的花狀圖形鍵在本文中暫以此符號代替，下同——譯者）+W）

最小化按鈕（Shade）隱藏窗口（⌘+M）

縮放按鈕（Zoom）：擴大、縮小窗口。

工具箱（Tool Box）：包括了很多種繪畫使用的道具。

●工具選擇欄：已選定工具的詳細設定專案會在這裏顯示。

標籤功能表（Tab Menu）：在這裏可以查看或選擇面板中的功能表。

●圖像選擇功能表。

●圖像顯示功能表。

●為圖像增加特殊效果的功能表。

檔案名。

桌面（Desktop）：整個圖像。

●各種面板：進行圖像的加工和工具的設定、管理。

●面板最小化按鈕。

●面板關閉按鈕。

●狀態欄（Status Bar）：在編輯圖像時顯示很多有用的資訊。

●圖像視窗：Photoshop操作的主介面。

尺寸夾（Size Clip）：拖動這裏可以調整窗口的大小。

捲軸（Scroll Box）：拖拽這裏可以移動窗口。

圖像比例欄：顯示出現在的圖像比例。也可以輸入比例進行變換。

■工具箱

在這裏有加工圖像的工具，還有繪圖的工具等等。將滑鼠置於工具右下角的▲上可以選擇和查看此工具所包含的子工具。要將隱含的子工具調出來，可以單擊右下方的▲（也有不含有此選項的工具）。絕大部分的工具的使用方法

和Illustrator是一樣的，但是也有若干選項不同，所以需要大家好好查看一下。在括弧裏面的是快捷鍵，如果是頻繁使用的工具就需要記住快捷鍵。還有，在Photoshop裏，子工具之間的切換可以通過shift鍵完成。（快捷鍵：通過

快捷鍵，可以將選擇、描繪、變形等操作只通過鍵盤就輕而易舉的完成。但是，如果不是在"英文模式"下的話，快捷鍵將不起作用，所以，在並不輸入文字的時候要轉換到"英文模式"。）

套索工具（L）：
可以選擇圈內的範圍。如果想讓被選中的範圍的邊框變得圓滑，可以通過選項欄上的"柔化"或"反鋸齒"的設定完成。它包含有多邊形選區工具（通過直線圈出多邊形的工具）、磁性選區工具（可以自動監測出畫面的輪廓進行選擇）等子工具。

暗筆工具：
可以對圖像進行描畫、修復。按下option鍵，單擊要塗改的部分拖動，可以將畫像上被弄髒的部分修復成與原來的顏色一樣。子工具包含有補丁工具（像補丁那樣進行修復，將選擇部分拖拽到圖像中沒有被污染的地方，被選中的部分就被此處覆蓋。）、顏色置換工具（選擇顏色並拖動，圖像內的顏色將被別的顏色所代替。）等等。

鋼筆工具（P）：
描繪路徑（path）。所謂路徑就是通過向量資料形成的線條。線條可以有粗細的變化，也可以變換色彩。路徑就是用線段將各個節點（anchor point）之間連接起來的。子工具包括有自由鋼筆工具（通過拖拽來描繪路徑。如果打開選項欄中的"磁性"按鈕的話，即使要畫很複雜的圖像，也可以很好的描繪出他的路徑。）、其他還有添加、刪除、切換節點等各種工具。
◇在鋼筆工具的模式下，如果將滑鼠移動到"路徑上"的時候，在鋼筆的邊上會出現一個小加號"＋"，表示已經轉換到了"節點添加工具"。
◇將滑鼠移動到"節點"上的時候，會出現一個小減號"－"，表示已經轉換到了"節點刪除工具"。
◇如果將滑鼠"移動到節點上再按下option鍵"的話，就會出現一個"∧"符號，此時將轉到"節點切換工具"上。
◇"X"符號就在開始描繪新路徑的時候顯示。
◇"O"是結束路徑的標誌。
◇"/"標誌是連接已經結束的路徑的標誌。
◇在Illustrator和Photoshop中為路徑上色的方法不一樣，要引起注意。

○在Photoshop中描繪線條。
選擇在選項欄左邊的"操作用路徑"（閉合路徑中的鋼筆圖示）"，描繪路徑。完成之後選擇毛筆工具。設定毛筆的顏色、粗細、形狀後按下enter鍵（也可以通過路徑面板中的"描繪路徑邊界"來完成以上操作）。然後選擇在Photoshop中給平面上色的選項欄左側的"陰影用路徑（圖示為閉合路徑）"，開始描繪，這樣就可以給被選中的部分塗上顏色了。（也可以通過"操作用路徑"來描畫，然後從路徑面板中選擇"給路徑塗色"來塗色。）

矩形選區工具（M）：
可以指定一個矩形的選區範圍。如果按住shift鍵來選擇的話可以圈選一個正方形的區域。如果按住shift+option鍵拖拽的話，可以以正中心為起始點來選擇正方形的範圍。子工具包括橢圓形選區工具（可以選擇橢圓形的範圍。按住shift鍵可以選擇正圓形。如果按住shift+option鍵拖拽的話可以以正中心為起點選擇範圍）、單行選區工具（可以選擇高度為一圖元的範圍）、單列選區工具（可以選擇寬度為一圖元的範圍）等等。

剪切工具（C）：
可以剪切長方形形狀的圖像。在選項欄中的寬度、高度、解析度等的設定要在選擇剪切範圍之前完成。指定了剪切範圍後，選項欄中的專案會發生變化，這時還可以進行進一步的設定。

圖章工具（S）：
將圖像的一部分複製下來並同時進行描畫。按住option鍵，單擊某一點，則這點就是複製圖像的起點。子工具包含有圖案圖章工具（用現有的圖案進行描畫）。

橡皮工具（E）：
通過拖拽可以消去圖像。子工具包括背景橡皮工具（可以將背景的圖像變得透明）、魔術橡皮工具（可以通過點擊將鄰近的同色或者相近顏色的圖像消除變得透明）等等。

柔化工具（R）：
將拖拽的部分柔化。子工具包括銳化工具（將拖拽的部分變得分明）、塗抹工具（使拖拽的部分變得像用手指塗抹過一樣。注意，此工具在一些模式下不能使用）。

箭頭工具（路徑組成選擇工具）（A）：
選擇用路徑繪成的圖形。選擇多個圖形的時候要按住shift鍵。子工具包括有路徑選擇工具（A。如果按住shift選擇路徑的話會轉換為路徑組成選擇工具）（用來移動路徑的節點或方向點，並且調整圖形的形狀）。

注釋工具（N）：
給圖像加上文字的注釋。子工具中的語音注釋可以給圖像加上語音的注釋（需要麥克風）。

手形工具（H）：
點擊+拖動的話可以滾動圖像。可以在任何時間通過按空白鍵（spacebar）來轉換到這個工具。

繪畫顏色箱：
點擊這裏可以設定繪畫的顏色。可以通過拾器、顏色面板、顏色一覽面板、吸管工具等等從圖像中攝取顏色。

點擊可以將前景色變成"黑色"，背景顏色變成"白色"。（D）

在線（ON-LINE）：
如果接駁到了因特網上的話，可以登陸到Adobe的主頁。

移動工具（V）：
移動圖層或者選中的部分。如果將選項欄中的"自動選擇圖層"的按鈕打開的話，即使已經被設成了圖層，也可以不受影響將點擊的圖像移動。

魔棒工具（自動選擇工具）（W）：
可以自動偵測與點擊處相鄰近的同色或者顏色相近的範圍並選定。選擇的顏色的範圍可以通過選項面板的"顏色容差"進行設定。0是完全選擇相同的顏色，數值越大，近似顏色的範圍就越大，選擇255將使圖像全體都被選中。

切割工具（K）：
可以將圖像分割，供網頁使用。子工具包含切割選擇工具（可以選擇已經分割了的圖像）。

矩形工具：
可以通過拖拽作矩形。如果要畫正方形，需要按住shift鍵拖拽。子工具包括圓角矩形工具（shift+拖動可作圓角正方形）、橢圓工具（L）（shift+拖動可作正圓形）、多邊形工具（在選項面板還可以選擇邊角，也可以選擇做星形）、直線工具（U）（點擊並拖拽可以拉直線，shift+拖拽可以45度為單位拉折線。在選項面板中可以通過設定來畫箭頭。）、自定形狀工具（可以描繪選項面板中有的圖形）。直線工具（U）：描畫直線。

文字工具：
輸入文字時使用。通過拖拽可以做出一個文本框。在其中可以輸入文本。也可以沿着鋼筆工具或矩形工具等畫出的路徑來排列文字。另外，點擊選項欄中的變形的T字的方框，可以將文字的排列變形。文字工具除了有橫排文字工具（T）、縱列文字工具之外，還有可以選定文字的橫排文字蒙版工具、縱列文字蒙版工具等。

前景色、背景色的替換。點擊這裏可以交換前景和背景的顏色。（X）

背景顏色箱：
背景色的設定。做法同前景色。

在快速蒙版模式下編輯（Q）：
暫時形成一個蒙版的模式。蒙版指圖像上被保護的範圍。指定範圍後轉換到快速蒙版模式的話選定範圍將顯出特定的顏色。可以通過油漆工具（前景色為"黑"）來塗色修正。

毛筆工具：
可以像毛筆那樣自由的描繪。點擊挨着選項欄的"模式"左邊的地方可以看見"毛筆預設選擇"，在這裏可以選擇各種各樣的毛筆。子工具包括鉛筆工具（可以畫出比毛筆工具輪廓更清晰的圖像）。

歷史畫筆工具（B）：
點擊畫面，可以恢復到在歷史記錄面板上指定的歷史圖像（可以通過點擊歷史面板左側的方框來選定）或截圖（記錄下來的某時刻的歷史圖像。歷史面板上的"新截圖"）。子工具包括藝術歷史畫筆（基本同歷史畫筆，但是在恢復圖像的時候可以增加一些藝術風格的效果）。

漸變工具（Y）：
可以在畫面上拖拽以造成漸變效果。子工具包括塗色工具（K）（可以給與點擊的地方鄰近的同色、近色的地方塗以"前景色"）。

淡化工具（暗室工具）：
可以調整圖像的明亮度、色彩度。除了有淡化工具（O。將拖拽的部分的顏色變亮）之外，還有加深工具（將拖拽的部分的顏色變暗）、海綿工具（調整畫面的色彩度）。即使選定了淡化工具，也可以通過按option鍵來暫時轉換為加深工具（反之亦然）。

吸管工具（I）：
點擊此工具可以將某顏色變成前景色或背景色。子工具包括顏色取樣工具（採取圖元點的顏色資訊）、度量工具（通過拖拽來計算兩點間的距離。按住option鍵拖拽更可以計算出兩邊的距離）。

縮放工具（放大鏡工具）（Z）：
可以改變圖像的顯示倍率。最大可以達到原尺寸的1600%。最小尺寸根據圖像尺寸而有所不同。#+空白鍵可以切換到縮放工具。可以通過點擊或拖拽來擴大圖像，若同時按住option鍵的話則會縮小圖像。（也可用#+"+"擴大，#+"-"來縮小圖像）。

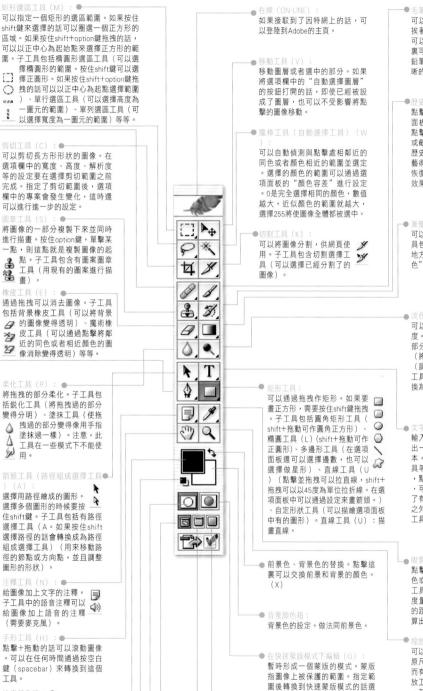

■面板

在修正、變更、查看圖像的時候需要使用面板。面板可以根據需要縮小或隱藏，也可以和其他的面板整合起來使用。

圖層面板（F7）：
所謂圖層，就是像透明的膠片那樣的東西，把每張膠片上面的畫面重疊起來就形成了一幅圖像。不同的圖層模式可以改變圖像之間的關係。

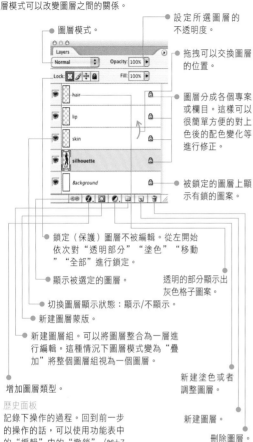

- 圖層模式。
- 設定所選圖層的不透明度。
- 拖拽可以交換圖層的位置。
- 圖層分成各個專案或欄目。這樣可以很簡單方便的對上色後的配色變化等進行修正。
- 被鎖定的圖層上顯示有鎖的圖案。
- 鎖定（保護）圖層不被編輯。從左開始依次對"透明部分""塗色""移動""全部"進行鎖定。
- 顯示被選定的圖層。
- 透明的部分顯示出灰色格子圖案。
- 切換圖層顯示狀態：顯示/不顯示。
- 新建圖層蒙版。
- 新建圖層組。可以將圖層整合為一層進行編輯。這種情況下圖層模式變為"疊加"將整個圖層組視為一個圖層。
- 增加圖層類型。
- 新建塗色或者調整圖層。
- 新建圖層。
- 刪除圖層。

歷史面板。
記錄下操作的過程。回到前一步的操作的話，可以使用功能表中的"編輯"中的"撤銷"（⌘+Z）。但是要回到很長一段時間以前的操作的話要用這個歷史面板。還有，用歷史畫筆工具在畫面上拖拽的話，可以通過歷史面板將其恢復到指定的歷史圖像或者截圖中去。

- 歷史圖像的標誌：可以返回到有這個標誌的圖像。
- 截圖：是某時刻記錄下來的圖像。它在歷史面板被保存在"新建截圖"中。點擊截圖，將會使畫像變成截圖的畫像，從而可以再次進行編輯。

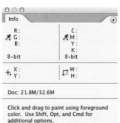

圖層方案（Layer Comp）面板：
圖層的顯示/隱藏狀態、圖層內的圖像的位置、圖層風格的管理。如果要將圖層登錄到此面板上，需要將各個圖層的顯示/隱藏狀態調到自己希望保持的狀態，然後在面板功能表上選擇"新建圖層方案"進行必要的設定後按下"OK"按鈕。這樣的話隨時可以恢復到保存的狀態。

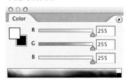

資訊面板（F8）：
顯示滑鼠指標的位置，選定範圍的大小、顏色等等資訊。

通道面板：
將彩色模式的圖像通過各個通道表示出來，並進行管理和編輯。也可以將選定範圍作為通道保存。

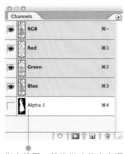

指定範圍，然後從功能表中選擇"選定範圍"，再選"保存選定範圍"，於是就可以建成新的通道。此通道稱為"阿爾法通道"。阿爾法通道可以從功能表中的"讀取選定範圍"中隨時調出來。

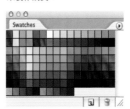

顏色面板：
操作彩色模式中的各種尺規，並對前景色和背景色進行設定。
口彩色模式的種類。

- ●灰階：灰色調的濃淡，分為256階。用於黑白印刷。掃描線條畫的時候也會用到灰階。
- ●RGB尺規：用光的三原色——R（紅）、G（綠）、B（藍）——來表現顏色。將所有顏色混合起來就變成了白色。在電腦或者電視螢幕上表現顏色的時候使用此模式。
- ●CMYK尺規：用C（藍色）、M（紅色）、Y（黃色）這三原色，再加上K（黑色）這四種顏色來表現所有的顏色。將CMY均等的混合的時候變成黑色。在印刷圖像的時候經常使用。
- ●HSB尺規：H（色相）、S（色彩度）、B（明暗度）。以這些指標來表現顏色。
- ●Lab尺規：L（明暗度）、a（綠－赤軸）、b（青－黃軸）。利用這種指標來表現顏色。用於處理在不同作業系統間使用的圖像。
- ●Web顏色尺規：在RGB中，選出對作業系統、畫面顯示數量沒有影響的216種顏色。用來製作網頁。

顏色一覽面板：
顏色的一覽。如果點擊面板下面的空欄，可以自己創作新的顏色。按住option鍵點擊可以刪除顏色。

文字面板。
設定文字的大小、行間距、字間距等等。也可以設定文字的疏密程度。

段落面板。
設定文本的段落。

路徑面板。
對路徑進行管理。可以新建路徑、複製路徑、給路徑塗上顏色等等。如果點擊一個目的路徑，可以將其選中，如果點擊路徑面板的空白部分也會將其選擇解除。也可以將選中的部分變成一個路徑。如果選定了範圍，可以從面板功能表中選擇"建立操作用路徑"，再選"新建路徑"，這樣就可以建立路徑。這個路徑可以複製到Illustrator的圖板中使用。從Photoshop視窗中選擇路徑，將它複製下來（⌘+C），然後在Illustrator的窗口中粘貼（⌘+V）就可以了。也可以通過箭頭工具選中，然後將其拖拽到Illustrator的窗口中去。還可以給路徑命名，使其成為剪切路徑（Clipping Path）。剪切路徑可以將路徑所圍定的部分剪切掉，可以配置於Illustrator的圖板上。

顯示範圍面板。
可以從這裏看到正在顯示的圖像的範圍。下面的尺規可以讓畫面擴大或者縮小。

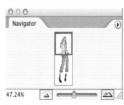

樣式面板。
可以給文字、圖形、圖像的圖層等選擇合適的"面板樣式"。也可以新建樣式。

柱狀圖表面板。
這裏用圖表顯示出了圖像中的明暗度的分佈。進行精細的明暗度修正的時候用此圖表來檢測。

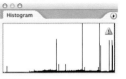

工具預設面板。
對"預存的工具設定內容"進行管理和使用。對於每次必須都要進行非常細緻的設定的工具，將其預存起來的話，再次使用的時候會很方便。

毛筆面板。
是用來對毛筆工具的預設進行管理的面板。可以選擇各種形狀的毛筆，或者創造自己的毛筆等等。要創造自己的毛筆，首先要在毛筆面板裏變更設定。點擊毛筆面板的回收站左邊的"新建毛筆"按鈕，然後輸入名字，按下"OK"按鈕就可以了。

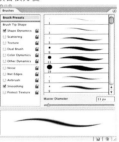

動作面板。
（option+F9，在Windows裏只需按F9）
記錄下完成的動作，只需要按一下按鈕就可以重複。如果是重複性的作業，提前記錄一下效率可以提高。但是即使已經記錄下來了，如果點擊了左端的小鉤將其隱藏的話，動作依然不能執行。

每次點擊了小鉤的右邊的方框，都可以以隨意的變換數值輸入。

（1）樣式圖的畫法

下面使用Photoshop來畫樣式圖。線條圖要用手繪，最後要用鋼筆描。用Photoshop可以使畫像作為數據保存起來，這樣會使改變服裝的顏色和花紋的操作變得很容易。

草稿的數據化

將線條畫讀入電腦，變成資料。

1.打開掃描器電源。

2.準備好已經用鋼筆描過的線條畫。因為Photoshop的上色是根據線包圍著的範圍來進行的，所以要注意畫的時候不要有斷線出現。

3.打開電腦，雙擊Photoshop的圖示，打開Photoshop。打開之後，從功能表依次選擇"文件"、"導入"、"選擇掃描器"、"讀取範圍指定"、"預覽"、"解析度：350、彩色模式：灰階"。

4.如果畫紙是B4型的，而掃描器卻只能掃描A4型的話，要分為"上半身"和"下半身"兩次掃描。

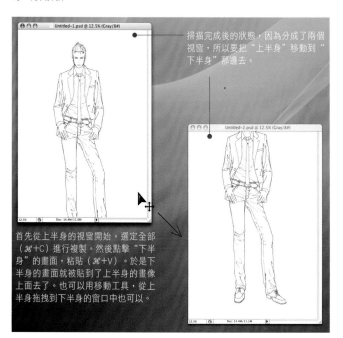

掃描完成後的狀態。因為分成了兩個視窗，所以要把"上半身"移動到"下半身"那邊去。

首先從上半身的視窗開始，選定全部（⌘+C）進行複製。然後點擊"下半身"的畫面，粘貼（⌘+V）。於是下半身的畫面就被貼到了上半身的畫像上面去了。也可以用移動工具，從上半身拖拽到下半身的窗口中也可以。

5.圖像的尺寸太小，圖形可能伸到圖像外邊，所以要擴大圖像的尺寸。從功能表中選擇"圖像"，再選"畫布尺寸"，然後是"基準位置：向下錯動，寬度：100%、高度：120%"。尺寸可以用"釐米"或者"圖元（pixel）"來輸入，但是用"%"比較簡單一些。

這樣的話上半身、下半身都被容納到了畫像裏面了。

6.兩張圖像之間有所錯位，所以要把他們完美的重疊起來。將上半身的圖層的模式轉到"乘法（multiply）"用移動工具（V）將畫像進行移動，使其重合。

在掃描的時候，如果將紙張斜著輸入進去的話，兩張紙就不能完美的重疊起來，所以需要注意。

擴大尺寸後重合的話，會容易一些。縮放操作的話，用快捷鍵比較迅速（⌘+空白鍵+拖動或單擊，或者是⌘+"+"）。

7.重合之後，將上半身的圖層的模式轉回到"正常"，將畫像合併為一張。從功能表選擇"圖層"中的"畫像的整合"。

8.整合之後，為了減小文件大小，將空白處要刪除掉。從工具箱中選擇"剪切工具"，將圖像剪切到適合的尺寸。

9.剪切完成之後，將線條畫的資料保存到桌面。從功能表中選擇"文件"、然後"保存"（⌘+S）。檔案名叫"drawing01"，格式為"Photoshop形式"，地點為"桌面"。

線的修正

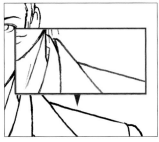

10. 要將部分模糊的線條畫清楚，需要用色調修整。從功能表中選擇"圖像"、"色調修整"、"等級修整"。

在尺規中輸入的等級大約是"100/1.00/225"。目的就是清除小的污點，使線條變得很黑很清楚。

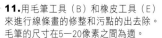

11. 用毛筆工具（B）和橡皮工具（E）來進行線條畫的修整和污點的出去除。毛筆的尺寸在5－20像素之間為適。

如果再度擴大的話，那麼到處都可以見到畫的粗糙的地方，改也改不完，所以不用去管那些，最多把在100%比例下那些讓人不舒服的線條改一下就可以了。

使用塗色用工具的話，如果能夠先瞭解一下畫筆的大小，會很有幫助的，所以要更改設定。從功能表中依次選擇"環境設定"、"圖像顯示——指標"、"上色指標"、"畫筆尺寸"，然後進行設定。

因為背景是白色，所以也可以不用橡皮，只用畫筆工具塗上白色也可以修正。如果這樣做，可以用快捷鍵"X"使前景色和背景色交換，效率也可以提高。

將毛筆的顏色（前景色）設成"黑"，橡皮的顏色（背景色）設成"白"。

12. 完成線條畫之後，製作一個通道，僅僅選定線條。這樣的話，恢復到RGB模式的時候，可以自由的變換線條的顏色。（從通道面板的右上方的黑三角▲中，選擇"複製通道"。將新建的通道命名為"DRAWING"。但是，要記住一定要在"色階的反轉"選項上打鉤。做成通道之後，會恢復到"灰色"的通道。）

13. 因為要給圖像塗上顏色（全色彩），所以要把圖像由"灰階"轉換到"RGB"。從功能表依次選擇"圖像"、"模式"、"RGB彩色"。RGB比CMYK或Lab的通用性高一些。如果想轉換到印刷用的CMYK的話，在完成之後變換一下模式就可以了。

上色

將線條畫作為"背景"在上面重疊放置幾個圖層進行描繪。

14. 首先選擇想要上色的地方。用魔棒工具（自動選擇工具）選擇圍住的範圍比較好。將選項欄中的"容差（容許度）"選擇為32。只需點擊想要塗色的地方即可以選定。如果一次不能把所有的範圍都選定，那麼按住shift鍵在單擊就可以了再次追加選擇範圍。

如果有的線條沒有被完整地封閉好，這時使用自動選擇，會使選擇區域發生外漏。所以如果有中途斷掉的線條的話，要用毛筆工具提前封好。

15. 為了讓線條的細部也能上色，要擴大選擇的範圍。從功能表中進行設定，依次選擇"選擇範圍"、"變更選擇範圍"、"擴展"、"擴展量：2像素"。

可以看到，線條的細部也被納入了選擇的範圍。

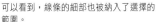

16. 用快速蒙版模式對選擇範圍進行修正。點擊工具箱下面的"在快速蒙版模式下編輯"按鈕。

如果設定為快速蒙版，則被選定的部分顯示出蒙版的顏色（默認設置為不透明度50%的紅色）。如果用毛筆工具塗上的話，這個地方被選定。用橡皮擦消除的話選定則將被解除。

現在，用橡皮來消除剛剛被選定的"眼球"，選定已經被解除。

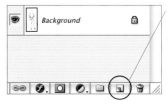

17. 在背景中不能上色，所以要新建一個圖層。點擊圖層面板下面的這個地方。如果要改變名稱的話雙擊它的名字就可以了。新建圖層的快捷鍵是"⌘+shift+N"。

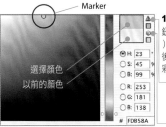

Marker

選擇顏色以前的顏色

18. 點擊在工具箱下方的"標準螢幕模式按鈕"，回到標準螢幕模式（圖像描繪模式），決定塗什麼樣的顏色。單擊前景色，然後可以從拾色器中選擇顏色（顏色面板、色彩一覽面板等也可以進行選擇）。

出現這個色域外警告標誌的時候，說明用CMYK進行列印的時候將變成下面的顏色。

出現這個色域外警告時，說明表示成網頁顏色時將變成下面的顏色。

H: 23
S: 45 %
B: 99 %
R: 253
G: 181
B: 138
FDB58A

19. 塗滿選定的範圍。從功能表中一次選擇"編輯"、"塗色"、"使用：前景色、標準模式：正常、不透明度：100%"快捷鍵為"shift+F5"。

20. 塗完之後解除選定範圍。從功能表中依次選擇："選擇範圍"、"解除選擇範圍"。（⌘+D）

如果放置不管的話線條將會隱藏起來，所以要將圖層面板的模式由"正常"轉換到"乘法"。

21.如果發現有沒塗到的地方，用毛筆進行修正。特別是頭髮的部分，線條非常複雜和混亂，所以需要注意。

重復以上的步驟，給各個部分上色。臉部、手、頭髮、夾克、襯衫、皮帶……等等，作出各自的圖層進行塗色。

22.如果希望能夠對顏色進行微調的話，就依次從功能表選擇"圖像"、"色調修正"、"色相、色彩度"（⌘+U）進行操作。這裏對頭髮和眼睛的顏色進行了試調整。

陰影

有兩種方式，一種是用毛筆工具將暗色調重疊，另一種是用淡化工具拖拽調整明亮度和色彩度。使用毛筆工具可以做一些細微的調整，首先從用毛筆工具添加陰影開始。

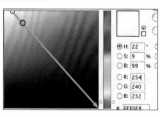

23.首先點擊圖層面板左上的鎖定款式中的"保護透明部分"。這樣的話透明的像素將被保護，不能夠給已經上色的部分以外的地方上色。

選擇陰影的顏色，用毛筆塗上去。從拾色器那邊向著箭頭的方向移動記號選擇陰影。

24.因為明暗關係太明顯，所以需要柔化。依次從功能表選擇"濾鏡"、"柔化"、"柔化（高斯）"、"半徑：3－6像素左右"。標準就是要修改到顏色的邊緣變模糊這種程度。

25.如果過分強調立體感的話，圖畫將會變得過於誇張，所以要注意。裝點的時候給想要強調的部分（臉部要線條優美、眼睛要大、嘴唇要性感、鼻子要高）加上陰影就已經足夠了。

26.我們來給所有的款式加上陰影和"柔化"。

因為頭髮是有光澤的，所以不光是陰影，也要給他加上白色的光。

嘴唇和皮膚的圖層不同，要單獨做一個圖層。如果將模式轉換到"乘法"的話就能很好的和皮膚的融合。

黑色的服裝不能加入陰影。所以要將明亮的地方塗上灰色。

在這裏我也嘗試了將領帶加上了光澤感。

白色的襯衫要用灰色的陰影。

27.褶皺比較深的款式要用較強的明暗關係來表現。

製作背景為透明的線條畫

為了給線條加上顏色，背景應是透明的。必須製作一個只有線條畫的圖層。

28.從功能表依次選擇"選定範圍"、"讀取選定範圍"、"通道：DRAWING"。

這是只有線條被選定的狀態。在此狀態下，點擊新建圖層框，製作新建圖層（圖層名命名為lines）

29.將線條畫塗成茶色。（從功能表依次選擇"編輯"、"塗色"、"使用：前景色。顏色為茶色，模式：正常，不透明度100%）

這樣就作出了一個只有線條畫的圖層。然後再從圖層面板選擇"保護透明部分"，將其鎖定。然後拖拽這個"lines"圖層，將它放到所有圖層的最上端。模式保持在"正常"就可以了。因為只有線條，所以下面的圖層可以透過來。

這樣，通過製作一個線條畫的通道"DRAW-ING"，就可以給線條上色了。更進一步地，如果把這個通道複製並加工的話，可以給不同部分的線上不同的顏色。

30.因為透明部分被保護住了，所以即使用毛筆工具隨意上色也不會弄亂。

調整眉毛和眼睛的顏色。

因為"背景"的線條畫已經不用了，所以我們先把它消去。選擇全部（⌘+A），用delete鍵來刪去。如果"背景色"不是白色的話，顏色會顯示在畫上，要注意這一點。

31.完成。最後保存一下。從功能表選擇"文件"，然後"保存"（⌘+S）。

這張效果圖體現了2002年流行的新保守主義風格。由CD開創的簡潔，纖細美感的男裝風格。之後這種懷舊的外套風格也打入了街裝界。由此年輕人的著裝脫離了寬鬆肥大轉向簡潔、緊身。

色彩變換
如果改變各個圖層的顏色，那麼可以任意的改變整體的色彩。要改變顏色，從功能表依次選擇"圖像"、"色調修正""色相、色彩度"，然後用各個尺規來調節。如果透明部分正處於保護狀態，那麼用毛筆工具直接塗色也沒有關係。

如果原來的顏色是單色的，用"色相、色彩度"進行修正的時候一定要在"統一色彩"的選項上打一個鈎。

陰影的強弱調整可以通過功能表的"圖像"，然後"色調修正"、用"亮度、對比度"中的各個尺規來進行調節。

裝點

1.再進一步在皮膚的圖層上作出眼線、腮紅、嘴唇的圖層，再作出剪切蒙版。剪切蒙版會將下面的圖層當作圖層蒙版。就是說下面的圖層的透明部分將被遮罩不顯示出來。

如果在剪切蒙版中容納了三個以上的圖層，那麼所有的圖層會相互鏈結，可以選擇其中一個。在功能表中選擇"圖層"、"製作剪切蒙版"（⌘+G），這樣的話，腮紅和眼線就不會從皮膚中越出來。

鏈結著的圖層。

化粧前

2.下面試用淡化工具來製作陰影。選擇毛筆尺寸，拖動，部分調整明暗度。使用有柔化效果的毛筆比較好。用加深工具來製作"暗的部分"，淡化工具來製造"明的部分"。

3.給各個圖層上色，要與皮膚的顏色相配合。
如果已經把線條畫得變得透明，並且移動到了圖層的最上端，那麼圖層的模式是"正常"還是"乘法"都沒有關係。

4.給各個部分加入柔化效果。從功能表選擇"濾鏡"然後是"柔化""柔化（高斯）"。以眼影4.0像素，嘴唇1.0像素，腮紅15.5像素，這樣的標準輸入。

5.加入高光完成作品。嘴唇的高光要在嘴唇的上面作一個新的圖層，塗上白色。然後再從功能表中選擇"濾鏡"、"柔化"、"柔化（高斯）"，然後將數值設定為2像素。這樣的話白色非常顯眼，所以要在圖層面板中將"不透明度"設為85%。

6.如果完全不加入陰影就進行裝點的話，眼睛和嘴唇會顯得很顯眼。為了強調明暗變化，要將輪廓線向陰影方向加以強調。並且這裏我還加入了柔化效果。這種做法在146頁有所解說。

（2）織物的表現

掃描實物

通過掃描來輸入實物的布料。用於樣式圖中的織物表現。掃描的畫像，一定不要原封不動的使用，而是要通過色調修正來使顏色和明亮度變得合適。

1. 從功能表中依次選擇"圖像"、"色調修正"、"等級修正"（⌘+L）。

2. 調節在輸入等級中的黑（0）、灰（1.00）、白（255）這三個尺規，使柱狀圖（黑色的山狀物）從黑色的尺規一直擴展到白色的尺規那邊。通道若是RGB顏色，會有RGB、R、G、B這四個選擇。

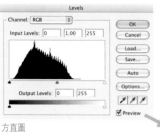

方直圖

3. 花紋變得很清晰。

畫像的污點修復

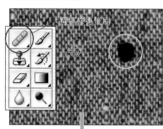

虛擬修復筆刷

1. 將修復地點塗色。按住option鍵點擊這個地點。

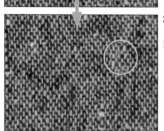

2. 放開option鍵，拉動後將畫面的污點塗掉，並且可以進行與原來的部分相融合的處理。

3. 也可以使用補丁工具。將想要修復的地方拖動並選定。

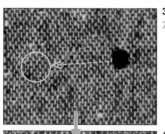

4. 將選定的範圍拖拽到比較乾淨的部分去，放下，選定範圍將被那個地方的圖像所覆蓋，也會進行與周圍的顏色融合的處理。

修復同時增加花紋

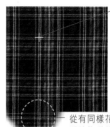

1. 增加花紋的最一般的方法是按住⌘+option鍵，拖動複製。

2. 可是，如果像這樣花紋發生了褶皺，就不能很好的連接起來了。

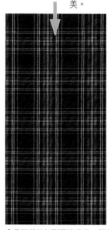

3. 在這種情況下可以使用的是圖章工具。在選項欄中設定"模式：通常"、"不透明度：100%"、"有調整"。

將複製的原始起點設定在布料被掃描得最清楚的一部分。

從有同樣花紋的位置開始拖動的話，可以讓花紋連接得非常完美。

4. 我把花紋加到了這麼多。即使暫時放開滑鼠，如果已經在"有調整"上面打了鉤，原始複製部分和滑鼠之間的相對關係仍然保持著，所以沒有關係。

5. 橫向也是一樣。

6. 完成。

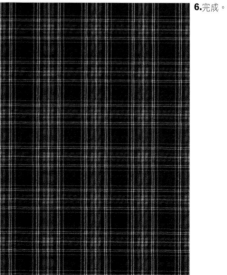

使用濾鏡來表現織物

濾鏡可以對圖像進行各種各樣的加工，是一種非常便利的功能。因為在動作面板中也有很多的濾鏡功能，所以我們來試一試各種濾鏡。

● 首先製作一個和衣服的前後身差不多大（45mm x 45mm）的文件。

從功能表依次選擇："文件"、"新建"（⌘+N）、然後以"寬度45mm，高度45mm。解析度：350、顏色模式：RGB，畫布顏色：白色。"這樣設定。

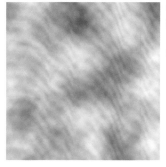

4. 如果要有一種水洇感的話，要在加工之前先加入雲彩的圖案。從功能表依次選擇"濾鏡"、"描繪"、"雲彩圖案"。顏色要用藍色調，背景色作成白色。

蘇格蘭呢

重要的是有點碎絲頭的感覺。

1. 選擇前景色，從功能表依次選擇"編輯"、"塗色"（shift+F5）。
2. 從功能表依次選擇"濾鏡"、"雜色濾鏡（Noise）"、"添加雜色濾鏡"。

量：50%，均等分佈，灰階雜色。

5. 等加入了雲彩的圖案，和剛才一樣進行加工就可以了。

筆畫的長度：6
筆畫的精確度：4
織物類型：畫布
縮放：100%，浮雕效果：20
照射方向：向下

有起毛感的材料

如果減少了雜色濾鏡的量的話，那麼可以用來表現法蘭絨、天鵝絨、瑞典絨等等。

1. 選擇前景色，從功能表選擇"編輯"、"塗色"（shift+F5）。
2. 從功能表依次選擇"濾鏡"、"雜色濾鏡"、"添加雜色濾鏡"。

量：15%，均等分佈，灰階雜色。

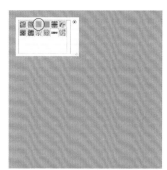

編織品

起毛感和編織的質地很重要。

1. 從功能表中依次選擇"編輯"、"塗色"、"自定式樣"。
選擇從左邊數第三種編織網眼。

斜紋粗棉布

重要的是要有一種縱向下落和成群的感覺。

1. 選擇前景色，從功能表中依次選擇"編輯"、"塗色"（shift+F5）。
2. 從功能表中依次選擇"濾鏡"、"雜色濾鏡"、"添加雜色濾鏡"。

量：50%，均等分佈，灰階雜色。

2. 從功能表依次選擇"濾鏡"、"表現手法（Stylize）"、"浮雕效果（Emboss）"。

角度：-50度，高度：10像素，用量：250%

3. 從功能表中選擇"圖像"、"色調修正"、"色相、色彩度"（⌘+U），通過各種尺規來調節。記住這時一定要單擊"統一色彩"這一框。這裏我設定的畫像的色相是300，色彩度45，明亮度-25。

3. 從功能表中依次選擇："濾鏡"、"藝術效果(Artistc)"、"網底效果（Rough Pastels）"

筆畫的長度：6
筆畫的精確度：4
織物類型：畫布
縮放：100%，浮雕效果：20
照射方向：向下

4. 我在這裏用毛筆工具在新作的圖層上面畫了一些分界線。如果將模式設定為"疊加（Overlay）"的話下面的織物可以透過來。

燈芯絨

重要的是要有細細的壟紋。

1.在燈芯絨上也可以應用織物的功能。

2.從功能表上面一次選擇"編輯"、"塗色"、"自定樣式"、"選擇從左數第三個編織網眼"。

3.從功能表中依次選擇"濾鏡"、"表現手法"、"浮雕效果"。

　角度：-100度，高度：10像素，用量：250%

4.從功能表中依次選擇"圖像"、"色調修正"、"色相、色彩度"（⌘+U），通過各種尺規來進行調節。記住這時一定要點擊"統一色彩"這一框。
色相：25，色彩度：30，明亮度：-25。

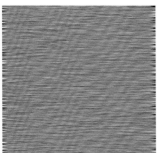

麻

重要的特點：縱橫相交的線條非常顯眼，具有沙土般的粗糙感。

1.從功能表依次選擇"濾鏡"、"雜色濾鏡"、"添加雜色濾鏡"。

　　　　　量：60%

2.從功能表依次選擇："濾鏡"、"柔化"、"柔化（動感（Motion））"。

　角度：0度，距離：50像素

3.從功能表中依次選擇"濾鏡"、"表現方法"、"浮雕"。

　角度：90度，高度：6像素，用量：150%

4.將"背景"拖拽複製到新建圖層中。將模式調整到乘法。

5.全部選定新建圖層，（⌘+A），從功能表中選擇"編輯"、"變形（⌘+T）、""旋轉90度（順時針）"。

6.合併圖像（從功能表中選擇"圖層"、"合併畫像"）

7.從功能表中依次選擇"圖像"、"色調修正"、"色相、色彩度"（⌘+U），通過各個尺規進行調節。記住這時一定要點擊"統一色彩"這一框。
色相：40，色彩度：30，明亮度：45。

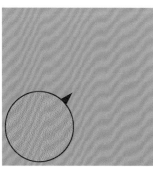

縐綢

特徵是有非常細緻的皺紋。

1.從功能表中依次選擇"文件"、"雜色濾鏡"、"添加雜色濾鏡"。

　　　　　量：5%

2.從功能表中依次選擇"濾鏡"、"表現手法"、"浮雕"。

角度：-180度，高度：1像素，用量：200%

3.從功能表中依次選擇"圖像"、"色調修正"、"色相、色彩度"（⌘+U），通過各個尺規來進行調節。記住這時一定要單擊"統一色彩"這一框。

這裏我把圖像設為：色相：45，色彩度：20，明亮度：15。

人字呢

它的特徵是上面有條紋狀彼此交錯的斜紋。

1.因為要使用到圖層樣式（Layer Style），所以要新建一個圖層。

2.選擇前景色，然後依次從功能表中選擇"編輯"、"塗色"（shift+F5）。

3.從功能表中依次選擇"圖層"、"圖層樣式""斜角和浮雕效果（Bevel And Enboss）"

　　樣式：斜角（內側）技術：圓滑
　　　　深度：1%，方向：向上
　　　　尺寸：5像素，柔和：0像素

4.點擊在圖層樣式的對話方塊左邊的列表中的"紋理"。選擇在花樣列表第二行的第二個"人字呢"。

比率：250%，深度：-1000%，與圖層相鏈結

5.從功能表中依次選擇"濾鏡"、"雜色濾鏡""添加雜色濾鏡"。

　量：-100%，均等分佈，灰階雜色

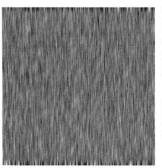

毛皮

表面上有很多長毛是其特點。

1.新建一個圖冊，並決定前景色，從功能表中依次選擇"編輯"、"塗色"（shift+F5）。

2.從功能表中依次選擇"濾鏡"、"雜色濾鏡"、"添加雜色濾鏡"。

　量：-100%，均等分佈，灰階雜色

3.從功能表中依次選擇"濾鏡"、"柔化濾鏡"、"柔化（動感）"。

4.從功能表中依次選擇："圖像"、"色調修正"、"明亮度、對比度""對比度：+45"。

　　角度：90度，距離：45像素

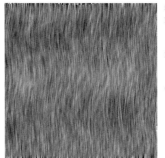

5.從功能表中選擇："濾鏡"、"扭曲濾鏡（Distort）""波浪濾鏡（Wave）"。

種類：正弦波 波數：3 波長：最小：85 最大：285 振幅：5.10 比率：100%，100% 未定義區域：包裹周圍（Wrap Around）

●用淡化工具拖拽，可以調整明暗度。

6.將圖層複製，擴大或縮小各個圖層（⌘+T），一邊用橡皮工具使下邊的圖層透過來，讓絨毛即使重疊了幾層都可以被看見。

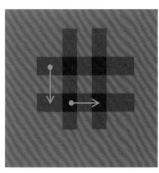

彩色方格圖案

製作一個花紋的最小單位，並保存起來，然後用這個圖案上色。在Illustrator中也可以應用此種思路，所以可以試一下。

1. 將前景色變成紅色。從功能表中選擇編輯，然後是"塗色"（shift+F5）。

2. 使用直線工具按住shift鍵拖拽來畫茶色調的粗線（縱：60像素、橫：70像素，R77，G51，B51），用直線工具的子工具之一的矩形工具拖拽來畫出綠色的長方形。畫出一個就可以複製（#+option+拖動）下去了。

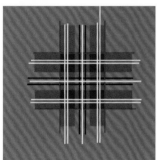

3. 用直線工具來添加各種顏色的線條。粗度為5像素。以黑、藍、黃色、白色這樣從濃到淡的順序，不透明度一律設置為80%。

4. 在功能表中選擇"圖層""合併圖像"。

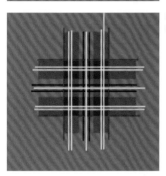

5. 從功能表中依次選擇"濾鏡""柔化濾鏡""柔化（高斯（Gauss））""半徑1.0像素"。

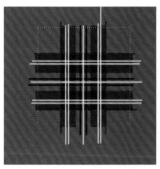

6. 將格子指定範圍，從功能表選擇"編輯"、"定義樣式"，將其設定為圖案樣式。

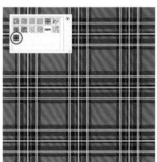

7. 從功能表中選擇"編輯"、"塗色"。使用：圖樣：在圖案選取器的最後，剛剛保存的格子已經追加在這裏了，點擊選取。

描畫模式：通常，不透明度：100%

8. 新建圖層，將前景色變為白色，從功能表中選擇"編輯"、"塗色"（shift+F5）。將圖層的名字命名為"noise"。

9. 從功能表中依次選擇"濾鏡"、"雜色濾鏡"、"添加雜色濾鏡"。

　　　量：400%

10. 從功能表中依次選擇"濾鏡"、"藝術效果"、"低紋效果"。

　　筆畫的長度：6，筆畫的精確度：4
　　織物類型：畫布，縮放：100%
　　浮雕效果：20，照射方向：向下

11. 將圖層模式變成"重疊"，可以看到下面的格子。

12. 轉到"背景"用魔棒工具點擊選擇紅色。

13. 轉到新建圖層，用delete鍵將斜紋線消去。

14. 再次回到背景，將紅色中加入雜色。從功能表中選擇"濾鏡"、"雜色濾鏡"、"添加雜色濾鏡"。

　　　量：4%

15.從功能表中選擇"圖層"、"合併畫像"，這樣就完成了。

16.這是進一步用濾鏡加工，加上了褶皺的作品。加入褶皺的方法，在"向皺邊的裙子上添加花紋"的一欄中有詳細的記述。

琺瑯質

重點是要讓人感覺到有一種人工的光澤。
1.從功能表依次選擇“濾鏡”>“渲染”>“雲彩圖案1”

前景色：黑，背景色：白

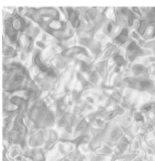

2.從功能表中依次選擇：“濾鏡”>“素描濾鏡”>“鉻黃”。

細節：0，平滑度：10

3.從功能表選擇“圖像”、“色調修正”、“色相、色彩度”（⌘+U），通過各個尺規來進行調節。一定記住這時要點擊“統一色彩”這一框。

畫像的色相：290，色彩度：45
明亮度：40，315-100-45

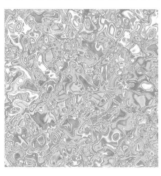

4.再從功能表裏依次選擇“濾鏡”>“圖像”>“色調修正”>“色調曲線”，將通道的RGB、紅、綠、藍的曲線進行拖拽操作，使其變成波狀。
5. 這樣就變成了一個好像是全息圖一樣的琺瑯質圖。

洗滌加工

褶皺的表現是重點。
1.依次從功能表中選擇“濾鏡”>“渲染濾鏡”>“雲彩圖案1”。
2.依次從功能表中選擇“濾鏡”>“素描濾鏡”>“綯紋”。

密度：12
黑色等級：40，白色等級：5

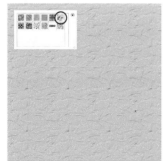

3.從功能表中依次選擇“圖層”>“圖層樣式”>“斜角和浮雕效果”

樣式：斜角（內側）
技術：圓滑 深度：1%，
方向：向上
大小：5像素，柔和：0%

4.點擊圖層樣式對話方塊左邊的樣式列表中的“紋理”。

圖案式樣：上方右側的“緞子”
比率：130%，深度：100%

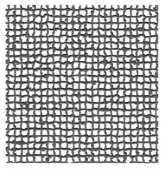

粗網眼編織

用粗大的材料編成的織物。對編織材料上空隙部分的表現是此處的重點。

1.將背景塗成藍色。
2.新建一個圖層，塗成白色。
3.從功能表中依次選擇“濾鏡”>“紋理濾鏡”>“馬賽克拼貼”
拼貼大小：20
溝紋的寬度：6，溝紋的亮度：0

4.用魔棒工具點擊選擇編織材料的部分，做成一個新建圖層，塗上粉紅色。將模式設為“正常”比較好。

5.從功能表中依次選擇“濾鏡”>“表現手法”>“擴散濾鏡”>“模式：昏暗”。
6.將不是粉紅色的圖層拖拽到圖層面板中的回收站刪除。

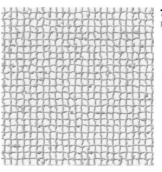

7.依次從功能表中選擇“圖層”>“圖層樣式”>“斜角和浮雕效果”

類型：斜角（內側） 技術：柔和
深度：40%，方向：向上
大小：5像素 柔和：6像素
陰影可以保持默認也沒有關係。

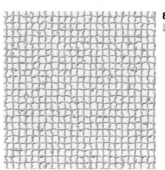

8.從功能表中依次選擇：“濾鏡”>“雜色濾鏡”>“添加雜色濾鏡”

量：20%，均等分佈
灰階雜色：是

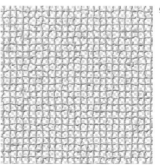

9.如果點擊背景中的網眼，使其隱藏的話，可以發現圖形實際上透過來的。

鱷魚皮

重點是鱗片。

1. 選擇前景色，從功能表中依次選擇"編輯">"塗色"（shift＋F5）

2. 新建圖層，用黑色塗滿。把模式調整到"乘法"。

3. 從功能表中依次選擇"濾鏡">"雜色濾鏡">"添加雜色濾鏡"，不使用灰階雜色。

　　　量：400%，均等分佈

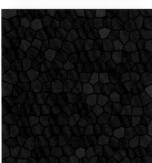

4. 從功能表中依次選擇："濾鏡">"像素化濾鏡">"點狀化">"單元的大小：3"

5. 從功能表中依次選擇："濾鏡">"柔化">"柔化（高斯）">"半徑：5像素"。

6. 從功能表中依次選擇："濾鏡">"紋理">"染色玻璃"。

　　　單元的大小：20
　　邊界線的粗度：5，亮度的強度：1

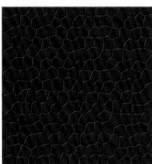

7. 從功能表中選擇："濾鏡">"表現手法">"浮雕效果"

　　角度：-50度，高度：2像素，量：100%

8. 新建一個圖層，從功能表中依次選擇："濾鏡">"渲染">"雲彩圖案"（前景色：黑色，背景色：白色）。將模式調到柔光。

9. 從功能表中依次選擇"圖像">"色調修正">"色相、色彩度"（⌘＋U），通過各個尺規調節顏色。一定記住這時要點擊"統一色彩"這一框。

　　　畫像的色相：260，
　　色彩度：25，明亮度：40

蛇皮

重點是細細的鱗片和斑點花紋。

1. 背景用漸變方法塗色。點擊選擇漸變工具。點擊選項欄上面的漸變工具欄，出現一個"漸變編輯器"。分別點擊起點、分歧點、終點為其的顏色進行設定。

　　漸變類型：全面塗抹，平滑度：100%

2. 從功能表中依次選擇："濾鏡">"紋理濾鏡">"染色玻璃"。

　　單元的大小：6，邊界線的粗度：2
　　　　光亮的強度：0

3. 邊界線的顏色將變成前景色。

4. 將背景拖拽到新建圖層框中進行複製。

5. 用魔棒工具點擊選定複製後的圖層的線條部分用delete刪去。

6. 依次從功能表選擇："濾鏡">"圖層">"圖層類型">"斜角和浮雕效果"，應用到複製的圖層上面去。

　　類型：斜角（內側），技術：平滑的
　　深度：45，方向：上尺寸：5像素
　　柔和：1像素，高光的模式：重疊
　　　　不透明度：100%
　　陰影模式：通常，不透明度：75

7. 將複製後的圖層的不透明度設置為50%，模式設置為"乘法"，進行合併。

8. 從功能表選擇"濾鏡">"銳化濾鏡">"銳化濾鏡"。

9. 從功能表依次選擇："圖層">"新建塗色圖層">"樣式"。

　　　模式：疊加，不透明度：40%
　樣式：選擇第二行最右邊的"雲彩圖案"
　　　　　比率：200%

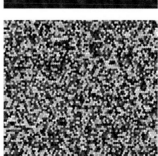

金線織物

重點是光澤感。

1. 將前景色設定為黑。從功能表中依次選擇："編輯">"塗色"（shift＋F5）

2. 從功能表中依次選擇"濾鏡">"雜色濾鏡">"添加雜色濾鏡"，不使用灰階雜色。

　　　量：400%，均等分佈

3. 從功能表中依次選擇："濾鏡">"紋理濾鏡">"染色玻璃"

　　單元大小：3，邊界線的粗度：1
　　　　光亮的強度：0

將手繪進行加工後的織物表現

直接掃描線條畫，或者直接用上色工具描繪畫像制後，再進行進一步的加工的話，表現的範圍可以變得更廣。

花紋
它的重點是要將大小、顏色不同的兩三種花結合起來描繪。

1.給背景塗色。
新建一個圖層，用毛筆工具來繪製花紋。因為要繪製三種花紋，所以也要製作三個給各自花紋的圖層。

2.按住⌘＋option鍵，拖動各個圖層的花圖案，這樣就複製並且增加了花的數量。

3.首先試著把目標圖像的四分之一用花紋填充。從比較大的花紋填起會比較容易。填充完畢後，將花紋的圖層合併。（點擊背景使其隱藏，然後選擇"圖層"、"合併顯示中的背景"（shift+⌘+E）)

4.按住⌘＋option鍵，拖動四分之一的花紋，進一步複製增加。

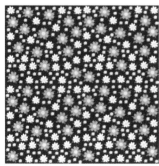

5.全體都填充好了之後就完成了。如果像這樣，畫幾個小的花紋，然後再增加的話，也可以非常簡單的畫出手繪的花紋來。

豹紋
重點是要在斑點上面加上毛的流動感。

1.將前景色設定為米色。從功能表依次選擇"編輯">"塗色"（shift+F5）。
2.新建一個圖層，用毛筆工具來畫出豹紋。如果在進一步加工的話，顏色會變得更深，所以要畫得淡一些。

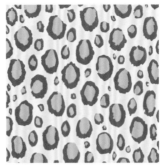

3.再作一個新建圖層，用毛筆工具來繪出豹紋週邊的顏色。

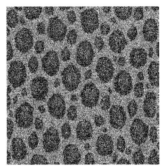

4.再作一個新建圖層，將前景色設定為白色。從功能表依次選擇"編輯"、"塗色"（shift+F5）。模式設定為"疊加"。

5.在已經塗成白色的圖層上面加上雜色。從功能表依次選擇"濾鏡">"雜色濾鏡">"添加雜色濾鏡"。

用量：400%，均等分佈，灰階雜色

6.複製雜色的圖層。將模式設定為高光。

不透明度：50%

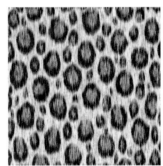

7.像上面那樣對四個圖層全部進行同樣加工。在義功能表中依次選擇"濾鏡">"柔化濾鏡">"柔化濾鏡（動感）"。

角度：20，距離：20像素

8.在濾鏡中最後進行的設定，可以通過⌘#+F"進行重複操作，我們可以利用這一功能。

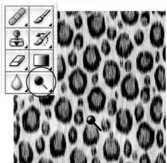

9.用淡化工具在"背景"中添加明亮的部分。

10.合併圖像，從功能表中依次選擇"濾鏡">"扭曲濾鏡">"波浪濾鏡"。

種類：正弦波，波數：1
波長：最小：85，最大：285，振幅：5.10
比率：100%，100%
未定義區域：包裹周圍

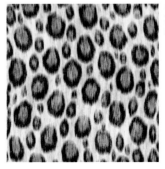

11.全部選定（⌘+A），然後對畫像擴大或者縮小（⌘+T）進行調整，這樣就可以完成了。

迷彩紋
重點是要將一個花紋不斷移動進行加工。

1. 用米色將背景上色。

2. 製作一個新建圖層,用毛筆工具畫出迷彩紋圖案。可以隨便畫無所謂。

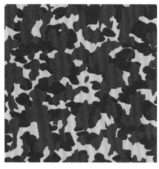

3. 從功能表依次選擇"選定範圍"、"讀取選定範圍",指定一定範圍的花紋。

4. 依次從功能表選擇"選定範圍"、"改變選定範圍"、"縮小"、"縮小量:4像素"。

5. 新建一個圖層,上色。將前景色設定為卡嘰色。

6. 將圖層進行九十度翻轉。從功能表依次選擇"編輯"、"變形"、"九十度翻轉(逆時針)"。

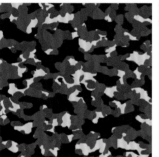

7. 重復從3到6的操作,這次的圖層的前景色要用更深的卡嘰色。

有光澤的材料
重點是一定要把明暗的差別清楚的表現出來。

將光線的方向設定為右側,沿著各個輪廓線添加陰影。

1. 給材料塗完色之後,新建兩個圖層,給它們各自塗上光的色與影的色。模式為正常也可以。

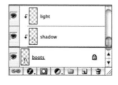

當光線在右側的時候,光會落在物體的右側。

在這一步的時候,為了不讓線條越出來,最好是作一個材料的圖層、光的圖層、影的圖層的的剪切蒙版(⌘+G)。剪切蒙版可以將下面的圖層用作圖層蒙版。下面的圖層的透明部分將被遮罩,不會顯示出來。

當光線在右側的時候,影子會落在物體的左側。

給有光澤的材料添加明暗是很辛苦的事情。讓我們來畫出明暗部與材料色之間的差別。暗部要接近黑色,光澤使用白色也沒問題。

2. 分別給明和暗的圖層加上柔化效果。依次從功能表選擇"濾鏡"、"柔化"、"柔化(高斯)"。柔化處理的暗部的圖層半徑為9.5像素,明部的圖層半徑為7.5像素。

3. 畫上畫的是60's mix。在2003-2004AW流行。像鴨舌帽、粗花呢的連衣裙這樣復古的服裝,是很配過膝長筒靴的。

4. 為了加上一些對比起伏的感覺,將輪廓線向影子的方向加以強調,並且我也試著加入了柔化的表現。這種做法在145有所介紹。

透明的材料
重點是材料的透明程度。
在襯衫和短裙上表現出透明感。

1. 描繪透明的服裝
在襯衫的上新建一個圖層，把它作成一個剪切蒙板(⌘＋G)。剪切蒙板可以將下面的圖層當作圖層蒙板，下面圖層的透明部分將被蒙蔽，不會顯示出來。

2.將模式變換為"乘法"，這樣服裝將會變得透明。
之後還會柔化處理，所以多少有點雜亂也沒有關係。

3.用橡皮工具將皺紋部分擦去。

4.對襯衫進行處理，從功能表依次選擇"濾鏡"、"柔化"、"柔化（高斯）""半徑：9像素"不透明度：40%。
5.對褲子進行處理。從功能表依次選擇："濾鏡"、"柔化"、"柔化（高斯）""半徑：15像素"不透明度：70%。
6.在襯衫、褲子的上面各自作一個新建圖層，並將其設為剪切蒙版。（⌘＋G）用白色在各自上面畫出光澤部分，再應用功能表中的"濾鏡"、"柔化"、"柔化（高斯）""半徑：7像素"。
7.為了加上對比起伏效果，我將輪廓線向陰影方向加以強調，並且還嘗試著加入了柔化效果。這種做法在145頁有所記載。

2002年流行的是波希米亞風格。這個時代，因恐怖主義等等而持續動蕩不安，是一個女性尋求心靈上的慰藉的時代，此時誕生了同時具有浪漫的風格與重疊穿著方式結合20世紀70年代的庶民感覺的結合體。

將織物貼到立體的樣式圖中去。

粘貼花紋的時候必須要注意的就是材料的紋理（圖案相交、相接的地方），像條紋花樣（方格子、橫格子、豎格子等）這樣的材料，它們的紋理是直接與設計相聯繫的，而編織、燈芯絨這樣的材料沿著紋理能體現出表面的質感。這樣的織物，最好是結合服裝的立體感、褶皺、動作，用手繪方式來描繪織物。另外，有的時候，即使紋理不太嚴絲合縫也不會對全體造成影響，或者像花紋那樣，即使完全不顧及紋理也能畫出來，這樣的織物，最好用濾鏡做出來。這種時候，重要的是要注意好陰影的添加，並且要讓服裝現出立體感。

2．將線條畫的"背景"拖拽到新建圖層的框中，製作"複製的背景"。不透明度設為20%。因為背景的線條畫已經作為一個圖層被複製了，所以可以塗上白色抹去。

3．選定全部的線條（⌘+A），複製（⌘+C）。將它粘貼（⌘+V）到人物畫中去。

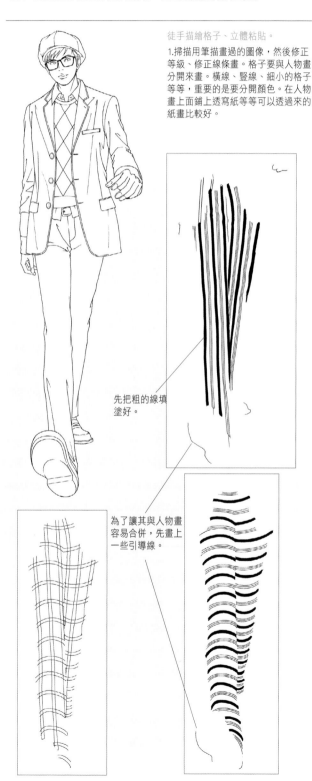

徒手描繪格子、立體粘貼。

1.掃描用筆描畫過的圖像，然後修正等級、修正線條畫。格子要與人物畫分開來畫。橫線、豎線、細小的格子等等，重要的是要分開顏色。在人物畫上面鋪上透寫紙等等可以透過來的紙畫比較好。

先把粗的線填塗好。

為了讓其與人物畫容易合併，先畫上一些引導線。

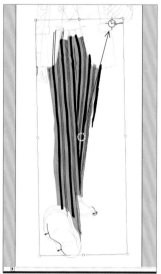

4.線條與人物畫不重合的時候，從功能表中選擇"編輯"、"自由變形"。點擊並拖動邊界框（Bounding Box）。再拖動基點（正中心的圓點），使之與引導線重合，再翻轉就可以了。

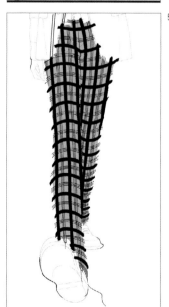

5.花紋已經全部粘貼上了。

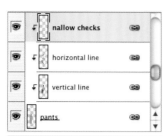

6.點擊建立一個線條圖層與人物畫圖層的剪切蒙版（⌘+G）。剪切蒙版可以將下面的圖層用作圖層蒙版。下面的圖層的透明部分將被遮罩，不會顯示出來。

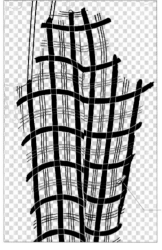

7.為了給格子等的線條上色，有必要將白色的部分透明化，只顯示出線條畫的圖層。

8.首先，在選項欄中設定魔術橡皮工具的各種功能。要在"反鋸齒"上面打鉤，"鄰接"上面不用打。結束設定之後，用魔術橡皮工具點擊線條的圖層的白色部分使其變得透明。

9.在線條圖層的圖層面板上面將"保護透明部分"鎖定。

10.從功能表上選擇"圖像"、"色調修正"、"色相、色彩度"（⌘+U），用各種尺規調節線條的圖層。這時候記住一定要點擊"統一色彩"這一框，將單色變成彩色模式。

11. 在各條線上進行以上的操作。

分出粗線和細線的顏色的時候，可以用毛筆工具直接塗色，或者指定選擇範圍再塗色。

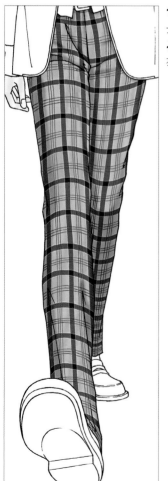

12. 在各個款式上新建圖層，用灰色添加上陰影，這樣材料的顏色、花紋都被加上了均等的陰影。將模式轉換到"乘法"。

13. 這樣的操作也適用於襯衫、夾克、毛衣等。

14.為了加上對比起伏效果，將輪廓線向陰影方向加以強調，並且我嘗試加入了柔化效果。這種做法在145頁有所介紹。

畫上畫的是九十年代初期流行的"那德"風格。就是"書呆子"的意思。而在時裝界，校園服裝的變化形式已經是不知被重複了多少遍的主題了。

給有褶皺的裙子加上花紋

1. 這是線條畫，已經完成了色調修正與線條畫的修正。還有要製作一個線條畫的通道（130頁），並且將模式轉變為RGB，將線條透明化(131頁)。

2. 將裙子的部分塗色。將前景色設定為灰色。從功能表中依次選擇"編輯"、"塗色"（shift+F5）。將皮膚也先上好顏色。

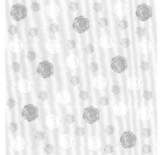

3. 這時這一次使用的花紋。它與第139頁的花紋使用同一種畫法做成。

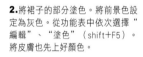

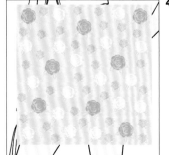

4. 複製花紋（⌘+A→⌘+C），然後粘貼（⌘+V）在樣式圖的裙子上面。

5. 要粘貼在織物上的話，需要使用剪切蒙版（⌘+G），剪切蒙版我們現在已經使用過很多次了，它可以將下面的圖層用作圖層蒙版。下面的圖層的透明部分將被遮罩，不會顯示出來，所以只有在已經塗了顏色的部分的織物上才能被顯示出來。

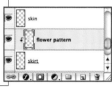

6. 在裙子的織物上面新建一個圖層"wrinkle"，並把它與裙子的圖層製作成剪切蒙版（⌘+G）。

7. 將褶皺塗成黑色。

8. 將圖層"wrinkle"拖到新建圖層框中進行複製。

9. 從功能表上依次選擇"濾鏡"、"柔化濾鏡"、"柔化（高斯）"、"半徑：8像素"，應用在"wrinkle"圖層上。從功能表依次選擇"濾鏡"、"柔化濾鏡"、"柔化（高斯）"、"半徑：16像素"，應用在"wrinkle"圖層的複製件上。將模式調整到乘法。

10. 從功能表依次選擇"濾鏡"、"表現手法"、"查找邊緣濾鏡（Find Edges）"，應用到已經合併了的"wrinkle"圖層上面去。

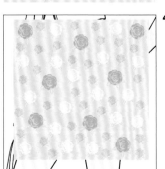

11. 將已經合併了的圖層"wrinkle"粘貼到新建文件中去。然後全選（⌘+A）、複製（⌘+C）。從文件功能表中選擇"新建"（⌘+N），然後粘貼（⌘+V），再進一步合併畫像。

12. 如果進行複製並且選定了新建的文件的話文件的大小以及解析度將以複製後的圖層為基準。

13. 從功能表依次選擇"圖像"、"色調修正"、"明亮度、對比度"。

明亮度：-25，對比度：55

14. 保存在桌面上。從功能表依次選擇"文件"、"保存"（⌘+S）。文件命名為"01"。

15. 回到樣式圖的文件，將褶皺的圖層拖到圖層面板中的回收站中刪除，點擊選定裙子的圖層。

16. 從功能表中依次選擇"濾鏡"、"扭曲濾鏡"、"置換濾鏡（Displace）"、"水平比率：5%，垂直比率：5%"。點擊"OK"然後選中並打開在桌面上保存的"01"。

17. 於是，在織物上就形成了褶皺。在第136頁記載著在彩色方格圖案上加上褶皺的方法，希望大家參考一下。

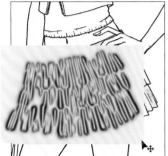

18. 將文件"01"進行複製（⌘+A→⌘+C），粘貼（⌘+V）在樣式畫的裙子的圖層上面。

19. 用箭頭工具調整剛剛粘貼的"01"的位置。

褶皺的陰影有的已經越到了腰帶中去了，要用橡皮工具除去。

20. 將模式設置為"乘法"，不透明度設為60%，並將此圖層與下面的裙子一起設定為剪切蒙版（⌘+G）。

21. 從功能表中依次選擇"圖像"、"色調修正"、"色相、色彩度"（⌘+U），通過各個尺規進行調節。一定記住這時要點擊"統一色彩"這一框。
畫像的色相：345，色彩度：85，明亮度：65

22. 在裙子上面新建一個圖層，用毛筆工具加入陰影。記住一定要將其設為剪切蒙版（⌘+G）。

23. 然後再做成一個新的圖層，將其與裙子設為剪切蒙版，加入透明化效果。這一次要塗上白色，從功能表依次選擇"濾鏡"、"柔化"、"柔化（高斯）"、"量：8.5像素"。將不透明度設置為75%。

24. 這是已經完成了全部處理的圖像。線條設定為茶色，並且移動到了圖層的最上邊。為了強調裙子的立體感，其他的服裝上面沒有加入太多的陰影，因而變得簡潔而又具有平衡感。因為整體是一種很淡的感覺，所以我將皮膚的顏色也變得更淺一點。

對輪廓線的強調

用比較平的筆觸進行上色的時候，用別的方法來體現起伏變化比較好。在這裏，我嘗試著用強調輪廓線與柔化這兩種相反的加工方法，來尋求同時達到柔和與強烈這兩種效果。

1. 將背景隱藏，進行"合併顯示的圖層"操作。

2. 將圖層拖拽到新建圖層框中進行複製。鎖定在圖層面板上的"保護透明部分"選項。

3. 用線條的顏色給下面的圖層塗色，製作出一個輪廓圖。

4. 用箭頭工具將下面的圖層（被塗色的圖層）稍微向左移動，線條就會變粗一些。

5. 再次合併畫像，將背景拖到新建圖層框中，進行複製。叢功能表中依次選擇"濾鏡"、"柔化"、"柔化（高斯）"、"半徑：1.6像素"。將模式設定為"正常"，不透明度為40%。

6. 稍微向左移動一些。

7. 因為上部重疊了柔化過的圖層，所以顯得有一點柔和。

完成

Fairy Style（甜美風格）。在2004年春季非常流行。它汲取了進入21世紀後仍持續流行的浪漫主義風格。在波形邊、褶皺裝飾、皺邊這些非常女性的設計上，加上花紋和薄紗這樣非常可愛的材料，簡直是如糖果一般甜美的服裝的大展示。記得那時在街上滿是美麗可愛的女孩。

應用

Boots Style（長靴風格）。是21世紀前半期成熟女性風格的代表。靴子的長度、大小、材料總是在變化，每年都會變一個樣。穿法也並不只有配裙子一種，還有很多方法，可以配褲子、褲裙，還可以套著穿。

畫編織的材料的時候如果是沿著接縫處的話，可以用手繪然後將圖層重疊。我們可以將它設成比服裝稍微濃一點的顏色。

多褶裙可以給每一個褶皺做一個圖層進行塗色。然後加上花紋做成剪切蒙版就可以了。
因為我想要將格子重疊的地方畫得濃一點，所以我將模式設定為"正常"，將不透明度設為80%。

長圍巾在2002年非常流行。那個時候長度將近兩米的手編風格的長圍巾非常有人氣。

緊身網褲可以在別的紙上描繪，然後掃描進去將圖層疊加。這樣可以自由的變化緊身網褲的顏色。

協力：日本理容美容中心（株式會社）

[1]Illustrator的使用方法

■Illustrator的操作介面

在這裏面排列著繪圖工具。將滑鼠放置於右下角的▲上的時候，可以查看並選擇此工具中包含的子工具。要想調出子工具來，可以在顯示子功能表的時候點擊右邊的▲（也有的工具沒有子工具）。

絕大多數的工具與Photoshop的工具使用方法相同，但是也有像鋼筆工具這樣使用方法有些許不同的工具，因此，我們要好好的區分一下。
括弧內給出了各種功能的快捷鍵，請大家記住使用比較頻繁的快捷鍵。
（快捷鍵：通過快捷鍵可以將選擇、描繪、變形等操作只通過鍵盤就輕而易舉的完成。但是，如果不是在"英文模式"下的話，快捷鍵不起作用，所以，如果並不輸入文字的時候要轉換到"英文模式"。）

與物件和圖像有關的操作與設定的功能表。

進行Illustrator環境設定的相關操作的功能表。

功能表欄：
從這裏選擇功能表進行操作和設定。

對物件進行變形和調整的功能表。

進行文字操作的功能表。

選擇物件的功能表。

為物件或圖像的畫像上加上特殊效果的功能表。
為物件或圖像加上特殊效果的功能表。這種效果與濾鏡不同，主要是它會在可以進行編輯的狀態下對圖像進行變形。

標籤功能表（Tab Menu）：
在這裏可以查看或選擇面板中的功能表。

放大或縮小畫面、顯示向導（Guide）或網格（Grid）的功能表。

對工具箱、面板等這些與視窗有關的功能進行操作的功能表。

箱（Tool Box）：
了很多種繪畫時的道具。

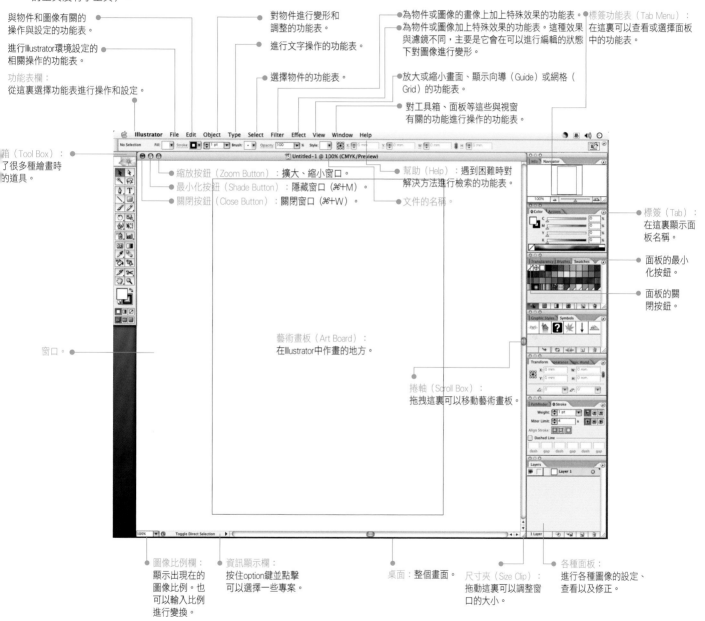

縮放按鈕（Zoom Button）：擴大、縮小窗口。
最小化按鈕（Shade Button）：隱藏窗口（⌘+M）。
關閉按鈕（Close Button）：關閉窗口（⌘+W）。

幫助（Help）：遇到困難時對解決方法進行檢索的功能表。
文件的名稱。

標籤（Tab）：
在這裏顯示面板名稱。

面板的最小化按鈕。

面板的關閉按鈕。

窗口。

藝術畫板（Art Board）：
在Illustrator中作畫的地方。

捲軸（Scroll Box）：
拖拽這裏可以移動藝術畫板。

圖像比例欄：
顯示出現在的圖像比例。也可以輸入比例進行變換。

資訊顯示欄：
按住option鍵並點擊可以選擇一些專案。

桌面：整個畫面。

尺寸夾（Size Clip）：
拖動這裏可以調整窗口的大小。

各種面板：
進行各種圖像的設定、查看以及修正。

147

■工具面板

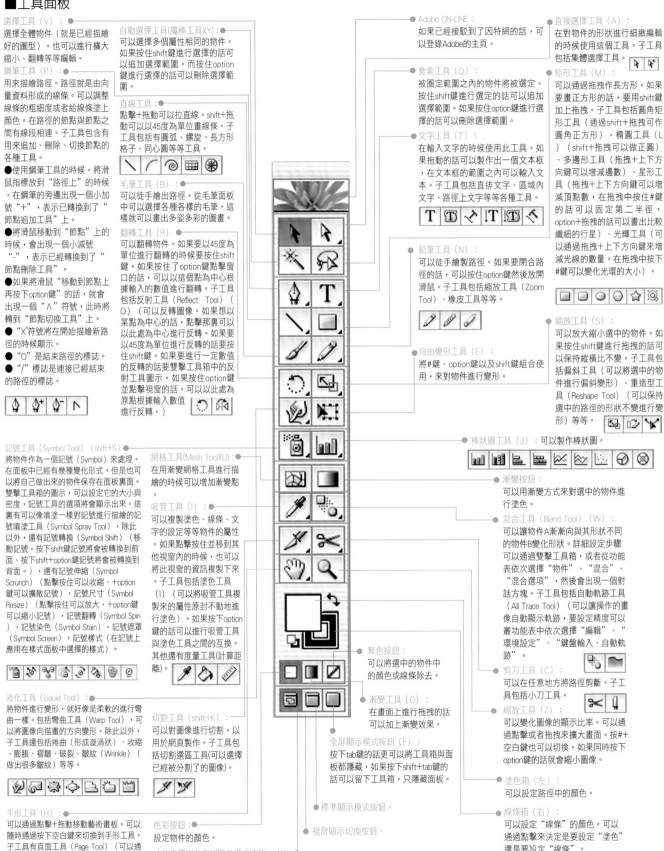

選擇工具（V）：
選擇全體物件（就是已經描繪好的圖形）。也可以進行擴大縮小、翻轉等等編輯。

鋼筆工具（P）：
用來描繪路徑。路徑就是由向量資料形成的線條。可以調整線條的粗細度或者給線條塗上顏色。在路徑的節點與節點之間有線段相連。子工具包含有用來追加、刪除、切換節點的各種工具。
●使用鋼筆工具的時候，將滑鼠指標放到"路徑上"的時候，在鋼筆的旁邊出現一個小加號"＋"，表示已轉換到了"節點追加工具"上。
●將滑鼠移動到"節點"上的時候，會出現一個小減號"－"，表示已經轉換到了"節點刪除工具"。
●如果將滑鼠"移動到節點上再按下option鍵"的話，就會出現一個"∧"符號，此時將轉到"節點切換工具"上。
●"X"符號將在開始描繪新路徑的時候顯示。
●"O"是結束路徑的標誌。
●"/"標誌是連接已經結束的路徑的標誌。

自動選擇工具(魔棒工具)(Y)：
可以選擇多個屬性相同的物件。如果按住shift鍵進行選擇的話可以追加選擇範圍。而按住option鍵進行選擇的話可以刪除選擇範圍。

直線工具：
點擊＋拖動可以拉直線。shift＋拖動可以以45度為單位畫線條。子工具包括有圓弧、螺旋、長方形格子、同心圓等等工具。

毛筆工具（B）：
可以徒手繪出路徑。從毛筆面板中可以選擇各種各樣的毛筆，這樣就可以畫出多姿多彩的圖畫。

翻轉工具（R）：
可以翻轉物件。如果要以45度為單位進行翻轉的時候要按住shift鍵。如果按住了option鍵擊窗口的話，可以以這個點為中心根據輸入的數值進行翻轉。子工具包括反射工具（Reflect Tool）（O）（可以反轉圖像。如果想以某點為中心的話，點擊那裏可以以此處為中心進行反轉。如果要以45度為單位進行反轉的話要按住shift鍵。如果要進行一定數值的反轉的話要雙擊工具箱中的反射工具圖示。如果按住option鍵並點擊視窗的話，可以以此處為原點根據輸入數值進行反轉。）

記號工具（Symbol Tool）（shift＋S）：
將物件作為一個記號（Symbol）來處理。在面板中已經有幾種變化形式，但是也可以將自己做出來的物件保存在面板裏面。雙擊工具箱的圖示，可以設定它的大小與密度，記號工具的選項將會顯示出來。這裏有可以像噴塗一樣對記號進行描繪的記號噴塗（Symbol Spray Tool），除此以外，還有記號轉換（Symbol Shift）（移動記號，按下shift鍵記號將會被轉換到前面，按下shift＋option鍵記號將會被轉換到背面。），還有記號伸縮（Symbol Scrunch）（點擊按住可以收縮，＋option鍵可以擴散記號），記號尺寸（Symbol Resize）（點擊按住可以放大，＋option鍵可以縮小記號），記號翻轉（Symbol Spin），記號染色（Symbol Stain），記號遮罩（Symbol Screen），記號樣式（在記號上應用從樣式面板中選擇的樣式）。

液化工具（Liquid Tool）：
將物件進行變形，就好像是柔軟的進行彎曲一樣。包括彎曲工具（Warp Tool），可以將圖像向描繪的方向變形。除此以外，子工具還包括捲曲（形成漩渦狀）、收縮、膨脹、褶皺、破裂、皺紋（Wrinkle）（做出很多皺紋）等等。

網格工具(Mesh Tool)(U)：
在用漸變網格工具進行描繪的時候可以增加漸變點。

吸管工具（I）：
可以複製塗色、線條、文字的設定等等物件的屬性。如果點擊按住並移到其他視窗內的時候，也可以將此視窗的資訊複製下來。子工具包括塗色工具（I）（可以將吸管工具複製來的屬性原封不動地進行塗色）。如果按下option鍵的話可以進行吸管工具與塗色工具之間的互換。其他還有度量工具(計算距離)。

切割工具（shift＋K）：
可以對圖像進行切割，以用於網頁製作。子工具包括切割選區工具(可以選擇已經被分割的圖像)。

手形工具（H）：
可以通過點擊＋拖動移動藝術畫板。可以隨時通過按下空白鍵來切換到手形工具。子工具有頁面工具（Page Tool）（可以通過拖拽移動要印刷的範圍）。

Adobe ON-LINE：
如果已經接駁到了因特網的話，可以登錄Adobe的主頁。

套索工具（Q）：
被圈定範圍之內的物件將被選定。按住shift鍵進行選定的話可以追加選擇範圍。如果按住option鍵進行選擇的話可以刪除選擇範圍。

文字工具（T）：
在輸入文字的時候使用此工具。如果拖動的話可以製作出一個文本框，在文本框的範圍之內可以輸入文本。子工具包括直排文字、區域內文字、路徑上文字等等各種工具。

鉛筆工具（N）：
可以徒手繪製路徑。如果要閉合路徑的話，可以按住option鍵然後放開滑鼠。子工具包括縮放工具（Zoom Tool）、橡皮工具等等。

自由變形工具（E）：
將＃、option鍵以及shift鍵組合使用，來對物件進行變形。

色彩按鈕：
設定物件的顏色。

功能表欄以及全屏顯示模式按鈕。（F）

標準顯示模式按鈕。

視窗顯示切換按鈕。

無色按鈕：
可以將選中的物件中的顏色或線條除去。

漸變工具（G）：
在畫面上進行拖拽的話可以加上漸變效果。

全屏顯示模式按鈕（F）：
按下tab鍵的話更可以將工具箱與面板都隱藏，如果按下shift＋tab的話可以留下工具箱，只隱藏面板。

直接選擇工具（A）：
在對物件的形狀進行細緻編輯的時候使用這個工具。子工具包括集體選擇工具。

矩形工具（M）：
可以通過拖拽作長方形。如果要畫正方形的話，要用shift鍵加上拖拽。子工具包括圓角矩形工具（通過shift＋拖拽可作圓角正方形），橢圓工具（L）（shift＋拖拽可以做正圓）、多邊形工具（拖拽＋上下方向鍵可以增減邊數）、星形工具（拖拽＋上下方向鍵可以增減頂點數，在拖拽中按住＃鍵的話可以固定第二半徑，option＋拖拽的話可以畫出比較纖細的行星）、光輝工具（可以通過拖拽＋上下方向鍵來增減光線的數量，在拖拽中按下＃鍵可以變化光環的大小）。

縮放工具（S）：
可以放大縮小選中的物件。如果按住shift鍵進行拖拽的話可以保持縱橫比不變。子工具包括偏斜工具（可以將選中的物件進行偏斜變形）、重造型工具（Reshape Tool）（可以保持選中的路徑的形狀不變進行變形）等等。

棒狀圖工具（J）： 可以製作棒狀圖。

漸變按鈕：
可以用漸變方式來對選中的物件進行塗色。

混合工具（Blend Tool）（W）：
可以讓物件A漸漸向與其形狀不同的物件B變化形狀。詳細設定步驟可以通過雙擊工具箱，或者從功能表次選擇"物件"、"混合"、"混合選項"，然後會出現一個對話方塊。子工具包括自動軌跡工具（All Trace Tool）（可以讓操作的畫像自動顯示軌跡，要設定精度可以叢功能表中依次選擇"編輯"、"環境設定"、"鍵盤輸入、自動軌跡"。

剪刀工具（C）：
可以在任意地方將路徑剪斷。子工具包括小刀工具。

縮放工具（Z）：
可以變化圖像的顯示比率。可以通過點擊或者拖拽來擴大畫面。按＃＋空白鍵也可以切換。如果同時按下option鍵的話就會縮小圖像。

塗色箱（左）：
可以設定路徑中的顏色。

線條箱（右）：
可以設定"線條"的顏色。可以通過點擊來決定是要設定"塗色"還是要設定"線條"。

■面板

在修整、改編、查看作品的時候對面板進行操作。有的時候根據需要也可以連接各個面板、或者縮小、隱藏它們。

色彩面板（F6）

色彩的編輯。可以從面板功能表中對色彩模型進行變更。

顏色一覽面板

可以記錄顏色、漸變、式樣等等，然後應用於線條或者塗色。

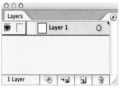

圖層面板（F7）

顯示出圖層的狀態。

鏈結面板

顯示出圖像的鏈結狀態。鏈結著的圖像可以在其他的程式中打開。

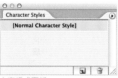

文字樣式面板

將在文字中被設定的屬性作為"樣式"進行設定，並且可以將它們應用到文本中去。

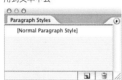

段落樣式面板

將在文字和段落中設定的屬性作為"樣式"來進行設定，並且可以將它們應用到文本中去。

毛筆面板（F5）

毛筆的記錄、刪除。

記號面板（shift+F11）

記號的設定。

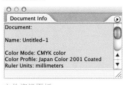

文件資訊面板

現在打開著的文件的詳細資訊。

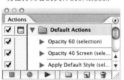

動作面板

記錄已經完成了的操作，可以通過一個按鍵進行重復。如果能事先記錄一下重復次數較多的操作的話可以提高效率。

文字設定面板

設定文字的大小以及行距、字距等等。也可以設定文字的疏密度。

段落設定面板

可以設定文本的段落。

漸變面板（F9）

製作漸變效果。可以應用于塗色。

透明面板（shift+F10）

可以設定物件的模式或者不透明度。

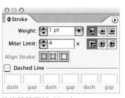

線條種類面板（F10）

設定線條的種類與形狀。

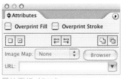

屬性面板（F11）

設定路徑的屬性。

Open Type面板

在使用Open Type文字的時候進行設定。

字形面板

顯示出有字體的字型，可以在文本中插入。

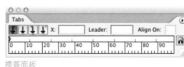

標籤面板

設定標籤寬度。

圖像式樣面板

可以記錄或刪除自己做成的樣式。也可以在物件中應用記錄的樣式。

自動選擇面板

設定單擊選擇路徑或物件的的條件

外觀面板（shift+F6）

可以將線條重疊在一條線上或塗色部上，可以非常簡單的追加或者刪除"效果"或"圖像樣式"。

SVG互動面板

在Web上書寫SVG的設定。

排列面板（shift+F7）

可以橫向或縱向排列選中的面板。

變形面板（shift+F8）

可以顯示物件的位置和大小，或對其進行變形。

路徑結合面板（shift+F9）

可以合併路徑，建成複合路徑或者圖形。

資訊面板

顯示滑鼠指標的位置或者選定的物件的大小與顏色的資訊。

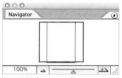

顯示範圍面板

這裏可以看到顯示中的視窗的範圍。可以通過下面的尺規擴大或者縮小畫面。

分割、合併預覽面板

如果摘錄不含透明功能的舊版Illustrator或其他的程式中的含有透明部分的作品，用此面板進行物件的分割、合併、設定等操作。

（1）款式圖的繪製方法。

我們來使用鋼筆工具繪製款式圖。鋼筆工具可以非常完美並且自由自在的畫出直線和曲線，所以十分方便。

草稿的數據化 首先要用鉛筆畫草稿。參考第二章（第55頁）。

1.掃描：將草稿寫進電腦，變成資料。
2.打開Photoshop，解析度設置為150左右，用灰階讀取。
3.將草稿的資料保存在桌面上。從功能表中依次選擇"文件"、"保存"（⌘+S）。檔案名為"blouse1"，格式設定為Photoshop形式。然後關閉Photoshop。
4.然後用Illustrator打開已經保存的資料（草稿）。打開Illustrator，然後從功能表選擇"文件"、"配置"，選擇桌面上的"blouse1"，然後配置資料（草稿）。

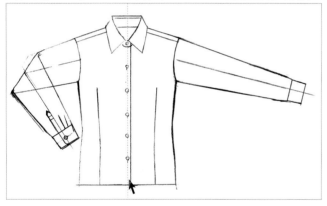

5.如果顯示出尺規的話，會非常方便，所以從功能表選擇"畫面"、"顯示尺規"。
6.從縱尺規拖曳到襯衫的前方正中間，做出一條引導線。

7.在草稿上新建一個圖層。
8.首先鎖定草稿"blouse1"的圖層。
9.因為這個圖層被命名為"圖層2"，所以要點擊圖層的名字，打開圖層選項，將名字改為"line"。
10.從"顏色一覽面板"選擇線條的顏色（也可以從色彩面板中選擇）。
11.將"塗色"框設定為無色、"線條"框設定為藍色，將路徑的線條與草稿的線條進行區分。線條的粗度可以從"線種面板"中輸入數值，設為1pt。

點擊第2個方框鎖定圖層

點擊此處建立新圖層

用鋼筆工具進行描繪

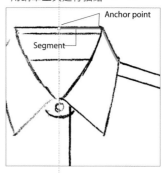

Anchor point
Segment

12.直線。
如果點擊設定起點和終點的話，會在兩個節點之間拉一條直線。
13.首先將襯衫的右半身的輪廓畫好。要畫一個左右對稱的圖，然後反轉使用。

角點：角上的節點。

點擊
拖曳
方向點
方向線

14.曲線：要做曲線，可以點擊終點，然後直接拖曳引出一條方向線，然後可以將直線變彎曲。（如果沒畫好的話，可以用"撤銷"（⌘+Z）來恢復操作。）
如果在鋼筆工具的狀態按下⌘鍵的話，將變成直接選擇工具。這時如果向節點移動的話，會出現一個方塊□，這意味著"這裏存在著一個節點"。這樣可以只選擇這個節點進行操作。

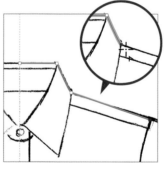

15.將曲線與直線進行組合。
如果要將曲線變為直線的話，可以在前進到下一個點之前，按住option鍵，然後再次點擊同一個節點，這樣就會有一個操作點（hundle）消失，如果在點擊下一個點的時候就會連成一根直線。

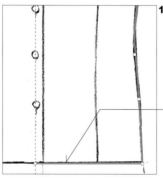

16.繼續同樣的操作，畫出半身的輪廓。

可以按住shift鍵來點擊這樣的水平線或垂直線。

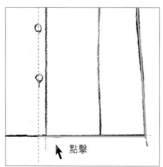

17.如果畫完了，將工具轉換為選擇工具（在鋼筆工具狀態下直接按⌘鍵也可以），然後點擊畫面，就可以完成了（請使用直接選擇工具）。

點擊

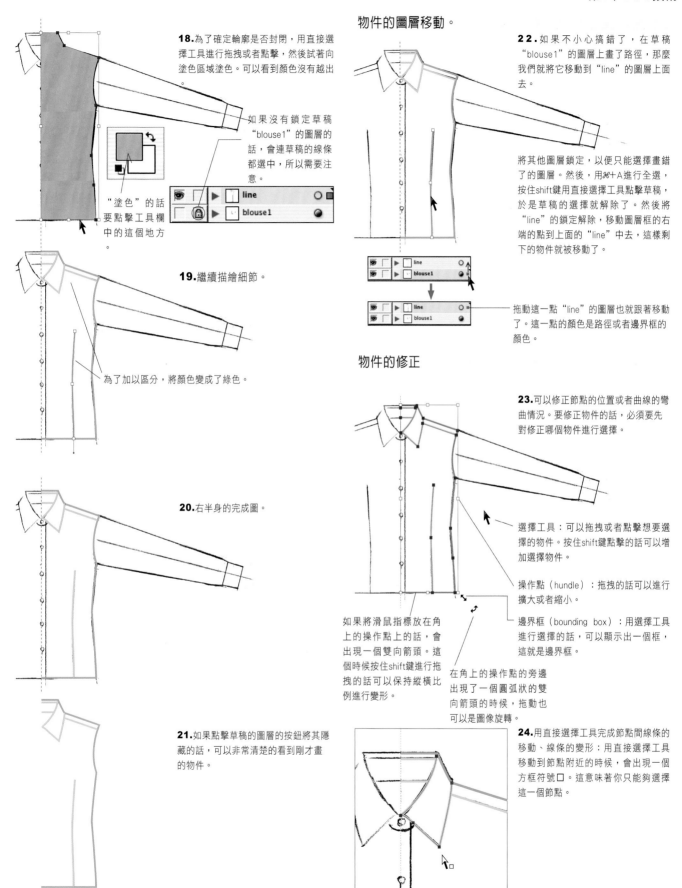

18. 為了確定輪廓是否封閉，用直接選擇工具進行拖拽或者點擊，然後試著向塗色區域塗色。可以看到顏色沒有越出。

如果沒有鎖定草稿"blouse1"的圖層的話，會連草稿的線條都選中，所以需要注意。

"塗色"的話要點擊工具欄中的這個地方。

19. 繼續描繪細節。

為了加以區分，將顏色變成了綠色。

20. 右半身的完成圖。

21. 如果點擊草稿的圖層的按鈕將其隱藏的話，可以非常清楚的看到剛才畫的物件。

物件的圖層移動。

22. 如果不小心搞錯了，在草稿"blouse1"的圖層上畫了路徑，那麼我們就將它移動到"line"的圖層上面去。

將其他圖層鎖定，以便只能選擇畫錯了的圖層。然後，用⌘+A進行全選，按住shift鍵用直接選擇工具點擊草稿，於是草稿的選擇就解除了。然後將"line"的鎖定解除，移動圖層框的右端的點到上面的"line"中去，這樣剩下的物件就被移動了。

拖動這一點"line"的圖層也就跟著移動了。這一點的顏色是路徑或者邊界框的顏色。

物件的修正

23. 可以修正節點的位置或者曲線的彎曲情況。要修正物件的話，必須要先對修正哪個物件進行選擇。

選擇工具：可以拖拽或者點擊想要選擇的物件。按住shift鍵點擊的話可以增加選擇物件。

操作點（hundle）：拖拽的話可以進行擴大或者縮小。

邊界框（bounding box）：用選擇工具進行選擇的話，可以顯示出一個框，這就是邊界框。

如果將滑鼠指標放在角上的操作點上的話，會出現一個雙向的箭頭。這個時候按住shift鍵進行拖拽的話可以保持縱橫比例進行變形。

在角上的操作點的旁邊出現了一個圓弧狀的雙向箭頭的時候，拖動也可以是圖像旋轉。

24. 用直接選擇工具完成節點間線條的移動、線條的變形：用直接選擇工具移動到節點附近的時候，會出現一個方框符號□。這意味著你只能夠選擇這一個節點。

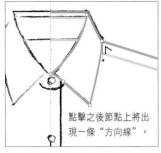

25. 選擇節點，用鋼筆工具中的子工具"節點切換工具"點擊節點的話，會出現方向線，移動方向線，修正曲線的彎曲狀態。

點擊之後節點上將出現一條"方向線"。

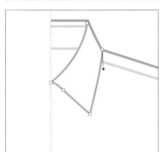

如果在圖層面板上點擊草稿"blouse1"的按鈕，將其隱藏的話，剩下能看到的就只剩下路徑了。

物件的反轉複製。

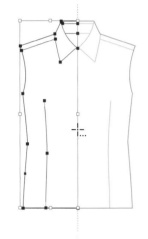

26. 左半身完成之後將其複製製作右半身。首先選擇全部的線條（⌘+A），選擇反射工具，按住option鍵，點擊設在中心的引導線，會出來一個框，然後通過設定"反射的軸：垂直"然後是"複製"，這樣就可以將其複製到另一面去了。

反射工具是旋轉工具的子工具。

從工具欄中選擇反射工具。

非對稱部分的追加

27. 描繪並不是左右對稱的細節部分。

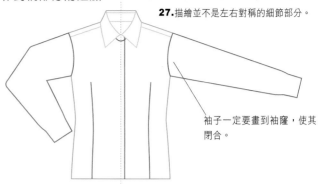

袖子一定要畫到袖窿，使其閉合。

28. 做出扣子與扣子眼。

用矩形工具的子工具圓形工具來畫圓形。按住shift鍵拖拽就可以畫出正圓了。

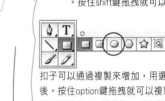

扣子可以通過複製來增加，用選擇工具選中後，按住option鍵拖拽就可以複製了。如果再同時按住shift鍵的話，那麼就可以在垂直方向上進行複製。之後，可以選擇"物件"、"變形"、"重復變形"（⌘+D），然後增加扣子的數量就可以了。

29. 然後隱藏草稿，全選（⌘+A）。將線條變成黑色。

對照著袖子中央的接合處的長度，統一左右袖子的長度。

袖窿在"用衣架吊著"的時候用直線表現，可以"放置在地面上"的話，就要畫一條弧線。

如果將袖子彎折過來的話，那麼連袖子開氣的設計式樣也可以顯示出來。記住彎折時不要與身體部分相重合。

女襯衫或者男襯衫處於"放置在地面上"狀態時，其特徵就是袖子呈T字型打開。但是像夾克那樣有墊肩的上裝是不能打開的，這一點要注意。

完成。在第2章裏我們是用"用衣架吊著"狀態描繪的，這次我們用了"放置在地面上"狀態描繪。如果將沒有墊肩的上裝以"放置在地面上"狀態放置的話，那麼可以將袖窿或者袖子的設計看得很清楚。

最後讓我們來將它保存起來。從功能表依次選擇"文件"、"保存"（⌘+S）。檔案名命名為"blouse2"。保存格式推薦用"EPS"，這種格式與其他程式有良好的相容性。如果沒有相容的必要的話用Adobe Illustrator文件格式也沒有關係。我在作畫過程中已經保存過幾次了，所以這次突然死機了我也沒有怎麼慌亂。請大家注意不要在即將完成的時候因為死機讓自己的辛苦勞動變成了泡影。保存地點先設定在桌面上，等到一切都完成了在整理也可以。等到工作全部完成了之後，一定要

（2）款式圖的色彩變化。

讓我們給用鋼筆工具畫出來的款式塗上各種顏色。

上色

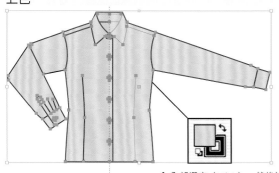

1.全部選定（⌘+A），然後試著將塗色區域上色。

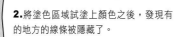

2.將塗色區域試塗上顏色之後，發現有的地方的線條被隱藏了。

3.將細節移動到圖層最上面的一層去。首先用直接選擇工具只選中細節部分。點擊這裡新建一個圖層。

點擊這裡生成新的圖層

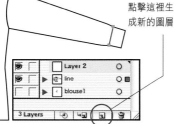

4.選擇只剩下輪廓的圖層"line"，然後向塗色區域內上色。點擊圖層面板左側的按鈕將畫著細節的"圖層2"隱藏。用直接選擇工具拖動衣服前面的中心部分，選擇左右的領子與下擺的端點，將左右的衣服連接起來。連接操作需要從功能表選擇"物件"、"路徑"、"連接"（⌘+J）

5.將畫著細節部分的"圖層2"顯示出來。可以看到已經非常好的上了色。

6.因為要改變扣子的顏色，所以要用直接選擇工具只選擇扣子，然後再塗色區域內塗上白色。

7.完成。

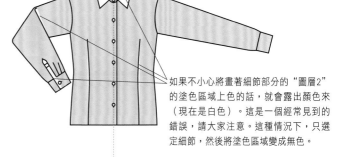

如果不小心將畫著細節部分的"圖層2"的塗色區域上色的話，就會露出顏色來（現在是白色）。這是一個經常見到的錯誤，請大家注意。這種情況下，只選定細節，然後將塗色區域變成無色。

如果要將襯衫的顏色變成黑色的話，線條將被掩蓋看不到了。所以我們得改變它的顏色。先全部選定（⌘+A），然後試試將線條變成灰色。

黑色襯衫的完成圖。

色彩變換 將形成封閉路徑的部分塗上不同顏色。

讓我們改變各個部分的顏色，以創作出各種各樣的顏色變換。因為袖子部分是形成了一個封閉的路徑，所以用選擇工具點擊袖子，改變塗色區域的顏色，可以很簡單的改變袖子的顏色。可以雙擊塗色框，然後從拾色器中選擇顏色，也可以從顏色一覽面板或者顏色面板中選擇。

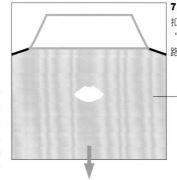

7. 然後開始給領子上色。為了讓領子的扣子能夠看見，在"圖層2"下面的"line"圖層上做一個領子的塗色區域的路徑。

如果將有細節的"圖層2"隱藏的話就變成了這樣。

8. 顯示出"圖層2"，完成領子的工作。

9. 同樣，袖口也用路徑圍起來。

色彩變換 給未形成封閉路徑的部分塗上顏色。

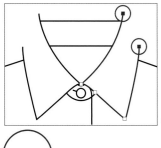

1. 如果想把襯衫的領子、袖口塗成別的顏色，就像牧師式襯衫那樣的話，有必要在只有塗色區域的領子上面，用線條與領子重合。

2. 如果只顯示有細節的"圖層2"，就可以看見，將領子塗上別的顏色的時候，路徑是開放的，所以首先要製作閉合路徑。用直接選擇工具來選擇領子開放的路徑兩端的兩點，然後進行連接（⌘+J）。

3. 閉合之後將塗色區域變成白色，也可以為了看得更明白，將線條的顏色變換。

4. 如果線條是以銳角重疊的，那麼可能有角突出來。這種情況下要用線種面板上的"圓滑結合"將角的頂點變得圓滑。

10. 全部選定（⌘+A），然後給線條上色。

5. 製作後領。回到"line"圖層，然後將"圖層2"隱藏，是細節不能被看到。用直接選擇工具拖拽身體部分的領子部，然後進行複製。（⌘+C）。

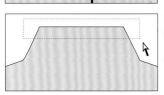

6. 然後暫時解除選擇，從功能表依次選擇"編輯"、"向前面粘貼"（⌘+F），然後解除選擇。然後用直接選擇工具將想要連接的兩個端點選定、連接。（⌘+J）。

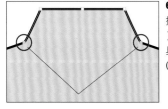

11. 牧師式襯衫完成了。我嘗試著將線條做得稍微緊湊一點。

（3）原創圖樣的做法。

圖樣（花紋）可以大體分為格子、縱條紋等等"連續花紋"與動物紋樣等等"非連續花紋"。這裏我們來學習根據一定節奏進行反復排列的"連續花紋"的繪法。

花狀單元

1.這一次的單元為花紋。從尺規中拖拽出縱向的引導線，在上面用橢圓形工具作出一個橢圓形來。將塗色設定為粉紅色，線條設定為無色，將這個圖形變成為一個花瓣的圖案。

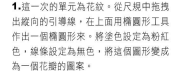

2.為了確定花瓣的基準點，從尺規中拖拽出橫向的引導線。以縱橫的引導線的交點為基準，將花瓣圖作為旋轉。選定花瓣，使用旋轉工具的話，在花瓣的中心將出現一個基準點，按下option鍵的話，將在指標上出現一個"…"標誌，在這種狀態下，點擊引導線的交點就可以了。

⌘D

3.點擊之後會出現一個旋轉的對話方塊，可以在這裏輸入數值。角度設為60度，然後點擊"複製"。然後從功能表依次選擇"物件"、"變形"、"重複變形"（⌘+D），連續進行四次同樣操作。組成一個圓圈的話就成為了一朵花的輪廓。

4.然後選定全部6片花瓣，點擊在路徑結合面板的左邊第三個"合併"按鈕，將路徑合併為一個。

5.然後就是中心部。按住shift鍵與option鍵，用橢圓形工具拖拽作出一個正圓。將塗色部分塗成淺藍色，線條變成黃色。線條可以在線條寬度面板進行改變。這裏我將線條試著設定為6pt。

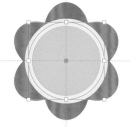

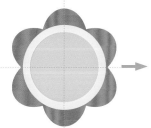

6.再作一個大小不同的花朵。用選擇工具拖拽，選定整個花朵，然後按住option鍵進行拖拽複製。

改變顏色。花粉的"線條"暫時還沒有給上色。

7.轉為選擇工具，當出現邊界框的時候，拖拽它的一個角使其縮小。按住shift鍵拖拽，可以使保持一定的縱橫比變化。

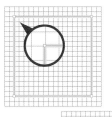

8.製作邊框圖。顯示出網格。選擇"Illustrator"中的"環境設定"、"向導、網格"可以對網格的大小進行設定。將網格的大小設為10mm，分隔數設定為4，再設為"在網格中使用快照（snap）"，從工具箱中選擇舉行工具。如果點擊畫面就可以輸入數值，所以可以做一個50mm x 50mm的邊框圖。在選定狀態中，向"線條"塗色，把"塗色區域"設定為無色。

9.在5cm的邊框中配置一個單元。希望大家可以非常好的利用網格正確配置單元。

10.在邊框中塗色。用選擇工具選擇邊框，決定塗色區域的顏色。"線條"上面不要塗顏色。圖樣畫好之後要保存下來。從功能表依次選擇"文件"、"保存"（⌘+S）。檔案名命名為"flower1"。

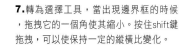

flower1

flower2

11.經過同樣的操作，我還試著做了一個尺寸小一些的花，並將文件命名"flower2"。

花狀單元的調整

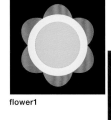

1.我們要使用前面做的縮小過的花朵。將線條同花瓣、花粉一起都設為無色。從工具面板中選擇矩形工具。點擊畫面就可以輸入數值，做一個15mmX15mm的邊框圖（與花朵在同一個圖層內作）。在邊框中塗上顏色。"塗色區域"設為茶色，"線條"設為無色。塗完顏色之後選中拖拽方框將其左上角合併到花朵的中心，然後移動到後面。從功能表依次選擇"物件"、"整理"、"移到最後面"（⌘+shift+）。

2.刪除從方框中越出的單元。要剪切掉從超出的地方，可以使用路徑合併面板的"剪切"功能。這個功能可以使重疊的幾個物件全部被剪切成最前面的物件的形狀，所以為了把這個方形放在最前面，要對它進行複製。（用選擇工具點擊然後按下⌘+C。暫時解除選定，然後再依次從功能表中選擇"編輯"、"粘貼在前面"（⌘+F）。這樣的話被複製的方形就會到前面來。）

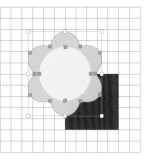

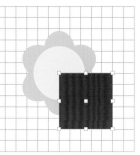

3.全部選定，然後點擊路徑合併面板左邊第四個"剪切"，就完成了。

4.如果試著在路徑合併面板改變路徑之間的關係，那麼還可以作出各種各樣的圖形，那麼就讓我們來試一試。

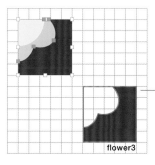

選定全部（⌘+A），然後從路徑合併面板中選擇"用形狀區域對前面的物件進行形狀裁切"，然後又試著給線條上了色，做成之後就是左邊的圖案。用"flower3"的檔案名保存了下來。

flower3

用手繪製單元

使用毛筆工具或者是鉛筆工具也可以用手繪製圖案，讓我們來試一試。

1.邊框圖的製作。

從工具面板中選擇矩形工具。點擊畫面，可以輸入數值，製作一個50mmx 50mm的邊框圖。

2.使用毛筆工具製作單元。通過選擇毛筆面板中的毛筆工具，可以用各種各樣的筆觸表現線條。

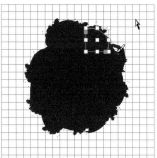

3.首先先畫一個圈，給花瓣作出鋪墊。

4.然後畫出花瓣。

5.畫完一筆，用直接選擇工具（也可以在鋼筆工具狀態下直接按下 ⌘ 鍵）點擊畫面，解除選定範圍。然後重復這個過程。

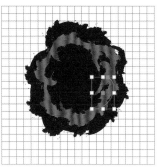

6.這次在變換一個顏色，在進一步描繪。

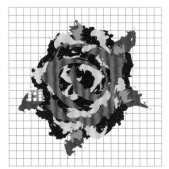

7.然後製作一個新建圖層，畫出葉子來。

8.將葉子的圖層置於下方，葉子將會隱藏在花瓣的下邊。

9.可以將剛做出來的花瓣記錄為記號。如果記錄為記號的話，可以用工具箱中的記號工具來進行各種各樣的描繪和加工，是一件很方便的事情。

我用2到8的同樣步驟又試著做了好幾個圖案。

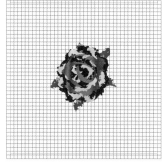

10.將圖案配置到10cm的邊框中去。用選擇工具選定，然後拖拽移動到邊框裏。

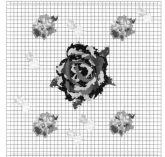

11.同樣，將其他的花也移動過來。按住option鍵拖動，多多的複製。有非常複雜的路徑構成的單元，分成組來操作比較方便。

12.給背景上色。選擇10cm的方形邊框，然後給塗色區域上色。如果被邊框的顏色影響單元看不見了的話，可以將邊框的物件移動到它所在圖層最下端的階層去。選擇邊框，從功能表依次選擇"物件"、"整理"、"移到最前面"（⌘+shift+方括號鍵）。如果有好多層圖層重疊在了一起，那麼就有必要在圖層面板中將那個圖層移到最下面的階層去。

各種濾鏡

除此之外，還有各種各樣的種類，大家一定要試一試。

我們來使用濾鏡對圖像進行加工。要使用濾鏡，一定要將色彩模式轉換到RGB，並且要將圖像向量化。

首先從功能表中選擇"文件"、"文件的色彩模式"、"RGB"。然後，全部選定（⌘+A），從功能表中選擇"物件"、"向量化"。

↑從功能表依次選擇"濾鏡"、"藝術效果濾鏡">"海綿"。將這個文件命名為"flower4"保存。

↑從功能表依次選擇"濾鏡">"藝術效果濾鏡">"搭接"

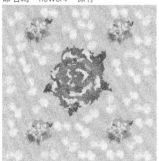

↑從功能表依次選擇"濾鏡">"圖元化濾鏡">"點狀化"。

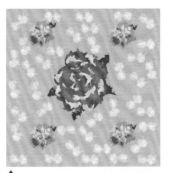

↑從功能表依次選擇"濾鏡">"紋理化濾鏡">"畫布"

將單元的進行圖樣展開

看一看縱條紋和格子就可以明白，很多花紋是以一定的節奏重復排列而成的。可以根據這種連續性，對單元進行圖樣的展開。為了能夠整齊的放置5cm大小的四方單元，最好是參照著網格的刻度進行。

1.打開用圖形工具做成的兩種花紋"flower1"與"flower2"。即使不從功能表欄中打開，直接雙擊文件的圖示也可以打開。

2.在各個文件的圖層面板中選擇"合併所有的圖層"。

3.因為這兩個窗口是分開著的，所以要把"flower2"移動到"flower1"的窗口中去。首先，在"flower2"的視窗中全部選定（⌘+A），複製（⌘+C）。然後點擊"flower1"的畫面，粘貼（⌘+V），於是"flower1"就會附著在"flower2"的畫面上。

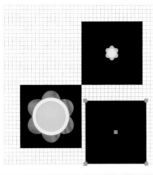

4.然後我們來試著將兩種花紋組合一下。如果還留出了一些沒有花紋的空間，那麼可以進行很多創作。請大家試試各種各樣的組合方式。

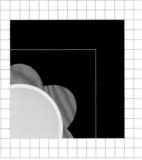

5.把單元配置好之後，將它上移看一看效果。即使已經覺得做得很漂亮了，可是很多時候還會有一些細微的空隙，所以要從新將底版做成一個。

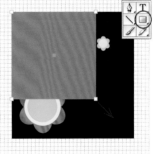

6.選擇矩形工具，拖動使其與畫布大小一樣。一定要把"塗色區域"的顏色先改變了。如果設成一種顏色的話會很難區分。

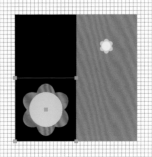

7.因為邊框在花狀圖樣上面，所以要將它向下移動。如果在同一個圖層之內的話，從功能表依次選擇"物件"、"整理"、"移到最前面"（⌘+shift+左方括號）。如果花紋與邊框的圖不是一個的話，那麼就在圖層面板中將邊框的圖層移動到單元的圖層的下面就可以了。

8.選擇各個單元的邊框，用delete鍵刪除掉。

9.將新做成的邊框的顏色恢復到黑色。

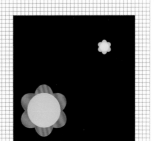

10.完成。將文件命名為"pattern"進行保存。（⌘+S）

將原創圖樣作為織物貼在專案上

● 雙擊打開檔案名為"blouse2"與"pattern"的文件。

● 選擇"pattern"文件的圖層面板中的"合併所有的圖層"。這是為了在配置單元的時候不會讓單元的圖層變得分散。

● 查看"blouse2"中的圖層，確認其中的細節與輪廓是否在不同的圖層中。（參照第153頁的"（2）專案畫的色彩變換"）

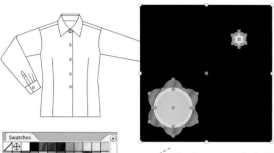

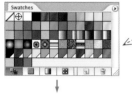

1. 將"pattern"的圖樣移動到"blouse2"中。首先，在"pattern"的視窗中選定全部（⌘+A），複製（⌘+C）。然後單擊"blouse2"的畫面，粘貼（⌘+V）。於是在"blouse"的畫面上就會附上圖樣。

2. 將圖樣記錄在色彩一覽面板上。首先從功能表中選擇"視窗"，點擊"色彩一覽"，顯示面板。

3. 用選擇工具選擇已經製作好的圖樣。將圖樣拖拽到色彩一覽面板中去，這樣就會將其記錄在色彩一覽面板上。因此可以用delete鍵將畫面上的圖樣刪除。

4. 點擊加入了細節的"圖層2"的面板按鈕使它隱藏，只顯示出輪廓。全部選定（⌘+A）。

5. 將色彩一覽面板中的圖樣選作"塗色區域"的話，圖樣將會貼在專案上。因為底色是黑色，所以將線條設為灰色。

6. 這次只顯示出細節，全部選定（⌘+A），然後將"線條"變為灰色、"塗色區域"變為無色。

7. 將兩個圖層都顯示出來，因為圖樣有一點太大了，所以我將它縮小了一點。

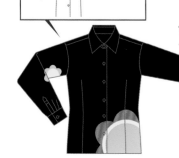

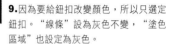

8. 圖樣的大小可以改變。從功能表依次選擇"物件"、"變形"、"擴大、縮小"。輸入數值，只在"圖樣"選項中打鉤。在預覽上打鉤，最好是一邊觀察圖形一邊輸入數值。

9. 因為要給鈕扣改變顏色，所以只選定鈕扣。"線條"設為灰色不變，"塗色區域"也設定為灰色。

完成了，排列很規則，看上去很舒服。

用同樣的方法配置了徒手繪製的單元"flower4"。圖樣不但大小可以變化，還可以移動或者旋轉。從功能表選擇"物件"、"變形""旋轉（或者'移動'）"。這次在粘貼圖樣之後對其進行了縮小處理。並且試著將它旋轉了45度。

這裏我還試著粘貼了在"花狀單元的整理"這一節制作的"flower3"，細緻的花紋與白色的領子與袖口給人很深刻的印象。

參考文獻
Mac FanSpecial26 Learn Like a Pro Photoshop & Illustrator Texture Design Technique / Mainichi Communication
Photoshop CS for Windows & Macintosh MENU MASTER / Written by X-Media / X-Media Corp.
Step Up from Zero! Adobe Illustrator CS for Windows & Macintosh / Written by Yuka Miyamoto / Ruttles Inc.

後序

各位，覺得怎麼樣？

　　　如果能夠反復鑽研學習本書的內容，一步一步扎扎實實的前進的話，那麼一年之後您肯定會擁有非常扎實的本領。我曾經用了一年時間指導學生學習這本教材的內容，大多數學生看了自己一年前畫的作品後都看到了自己的成長。最初，他們都非常非常擔心：我將來能畫得很好嗎？於是經常有人來問我，我們真的能學好嗎？然而，最初的六個月學習人體、服裝等等基礎知識，剩下的六個月再學習上色、CG這樣可以發揮個性的部分，只要這樣進行，到了第二年，應該就可以畫出具有自己的風格的原創作品了。

我經常聽到這樣的問題：「我是很想做出有個性的作品，但是到底應該怎麼辦啊？」

看來有的學生看到周圍的一些作品受到了一點震動，感到很焦慮。但是，從本質上看，個性這東西，是一種即使已經扎實的打好了基礎，也需要一點點的滲透才能顯現出來的，一種意境深遠的東西，絕不是依照某種條件下的法則就可以誕生的東西。法則，即使一瞬間發出了光輝，也會馬上枯萎掉的。所以為了在這時裝界發揮自己的創造力長期的生存下去，請大家扎實的學好基礎。這才是通往創造力的最近的道路。

另外，請在你的作品中投入自己的感情。即使是一個尚未成熟的作品，如果盡全力投入了自己的感情，肯定能夠打動人心。因為，只有不斷地將現在的自己力所能及的範圍作最大程度的表達，才是最重要的事情。我們並不是只會為技術上十分優秀的作品所感動。一個音樂家，即使他演奏的不太高超，只要他投入了自己的靈魂，我們也會感動。反過來說，如果對自己技術過於自信，而沒有用心投入，這樣的作品則會無人問津。但是，如果掌握了技術的話，那麼可以表現的、傳達的內容也會變得更加豐富，所以每天專心鑽研還是非常重要的。

然而，就算不能學得很好，也沒有必要因此垂頭喪氣。自行車也好、吉他也好、體育運動也好，大家最開始誰都不會。但是每個人應該都是通過鍥而不捨的努力，才抓住了訣竅，將其運用自如的。孩童時代不怕失敗，無論摔倒了多少次也會再次站起來，然後騎上自行車再次摔倒。……這些在過去都是很自然的事情，可是到了快20歲的時候就會漸漸發覺到心靈上的痛楚，而面對失敗會漸漸變得畏縮。別灰心，因為你們僅僅畫了十張二十張畫兒，還談不上有沒有才能。人與人的成長速度也是不同的。如果畫了五百張畫兒，還和最開始畫的那一張沒什麼區別的話……那個時候再去考慮自身才能的問題吧。不管怎麼說，一定要堅持做下去。

在最後，我要向從本書企劃到脫稿的這三年間，熱心的陪伴在我身邊的奧田政喜、小中千惠子，為本書裝訂的若林由季子、還有在工作中接觸到的幾位友人，表達我衷心的感謝之情。謝謝你們。

服裝設計表現技法

著　　　者	高村是州
譯　　　者	張靜秋 高洪剛 王海娟
出 版 者	亞諾文化事業有限公司
發 行 人	于振華
發 行 所	台北市中正區漢口街一段110號5樓之3
	電話：02-23121885　傳真：02-23718981
劃撥帳號	19923231　戶名：亞諾文化事業有限公司
封面設計	楊適豪
美術編輯	裕祈企業有限公司
	台北市士林區文林路661巷22號1樓
	電話：02-28384136　傳真：02-28364660
印 刷 所	仲一彩色印刷股份有限公司
	台北縣新店市中正路54巷10號2樓
	電話：02-29180306
書店經銷	農學股份有限公司
	台北縣新店市寶橋路235巷6弄6號2樓
	電話：02-29178022　傳真：02-29156275

國家圖書館出版品預行編目資料

服裝設計表現技法 / 高村是州著. 一 初版. 一
北市 ： 亞諾文化，2006「民95」
面 ； 公分

ISBN 978-986-82798-1-0（平裝）

1. 服裝-設計
423.2　　　　　　　95021507

Fashion Design Techniques:
Copyright © 2005 by Zeshu Takamura

First published in Japan in © 2005 by
Graphic-sha Publishing Co., Ltd.
1-14-17 Kudan-kita Chiyoda-ku Tokyo 102-0073 Japan

This Traditional Chinese edition was published in Taiwan in 2007
by ARNO PUBLISHING INC.

版權所有　　　請勿翻印

2006年11月30日初版
定價：350元整